21世纪高职高专规划教材

高等职业教育规划教材编委会专家审定

C++程序设计项目教程
（第2版）

主　编　许　华　张　静

副主编　崔　宁　于　峰　李　娟

徐海燕　牟艳霞

主　审　孙风庆

U0290950

北京邮电大学出版社
www.buptpress.com

内容简介

C++是一种高效实用的程序设计语言,它既可以进行过程化程序设计,也可以进行面向对象程序设计,因而成为编程人员最广泛使用的程序设计语言。学好C++语言,对其他程序设计语言容易触类旁通。本书是学习C++的一本非常实用的项目教程。

本书由两篇组成。上篇为程序设计基础,设计了5个项目:程序设计起步、简易计算器、模拟ATM流程、通讯录、指针。通过这些项目的提出与解决,培养读者掌握程序设计基本技能,以及程序设计中数据类型、变量、程序的三种控制结构、函数、结构体、指针等知识的运用,为读者打开程序设计的大门。下篇为面向对象程序设计,设计了3个项目:ATM机、师生通讯录、自制多功能计算器。通过这3个项目的提出与解决,帮助读者掌握类、对象、封装、继承、派生、多态等知识的运用,掌握当今最流行的程序设计思想——面向对象程序设计思想。

本书是面向没有程序设计基础的读者编写的入门教材,可供高职高专计算机专业和非计算机专业的学生使用,也可供广大读者自学。

图书在版编目(CIP)数据

C++程序设计项目教程 / 许华,张静主编. --2版. --北京:北京邮电大学出版社,2016.8
ISBN 978-7-5635-4840-8

Ⅰ.①C… Ⅱ.①许…②张… Ⅲ.①C语言—程序设计—教材 Ⅳ.①TP312

中国版本图书馆 CIP 数据核字(2016)第 171084 号

书　　　名:	C++程序设计项目教程(第2版)
著作责任者:	许　华　张　静
责 任 编 辑:	张珊珊
出 版 发 行:	北京邮电大学出版社
社　　　址:	北京市海淀区西土城路 10 号(邮编:100876)
发　行　部:	电话:010-62282185　传真:010-62283578
E-mail:	publish@bupt.edu.cn
经　　　销:	各地新华书店
印　　　刷:	北京通州皇家印刷厂
开　　　本:	787 mm×1 092 mm　1/16
印　　　张:	14.25
字　　　数:	353 千字
版　　　次:	2012 年 4 月第 1 版　2016 年 8 月第 2 版　2016 年 8 月第 1 次印刷

ISBN 978-7-5635-4840-8　　　　　　　　　　　　　　定　价:32.00 元

前　言

C++语言是一种使用非常广泛的计算机编程语言。C++是一种静态数据类型检查的、支持多重编程范式的通用程序设计语言。它支持过程化程序设计、数据抽象、面向对象程序设计、制作图标等泛型程序设计等多种程序设计风格。C++语言程序设计是高职高专院校普遍开设的程序设计基础类课程,也是广大程序设计自学者的入门课程。

本书内容涵盖程序设计基础与面向对象程序设计。程序设计基础部分设计了5个项目:C++程序设计起步、简易计算器、模拟ATM流程、通讯录、指针。通过这些项目的提出与解决,培养读者掌握程序设计基本技能,以及程序设计中数据类型、变量、程序的三种控制结构、函数、结构体、指针等知识的运用,为读者打开程序设计的大门。面向对象程序设计部分设计了3个项目:ATM机、师生通讯录、自制多功能计算器。通过这3个项目的提出与解决,帮助读者掌握类、对象、封装、继承、派生、多态等知识的运用,掌握当今最流行的程序设计思想——面向对象程序设计思想。

本书中提供的项目均可独立运行,项目的开展包括项目情景、相关知识、项目解决、知识拓展、做得更好这5个基本步骤,在每个步骤中都恰当地设计了操作提示和启发式的思考,使读者能够完成程序设计而且懂得为什么这么设计,更重要的是对每个项目提出了改进的要求,这将激发我们的读者做得更好,有更大的发挥空间。本书还设置了"你知道吗"和"更多知识参考",提供与此相关的人文小故事,为读者提供更宽更广的知识空间,增加程序设计的趣味性。

本书项目1和项目7由许华编写,项目2由李娟编写,项目3由崔宁编写,项目4由于峰编写,项目5由徐海燕编写,项目6由张静编写,项目8由牟艳霞编写。本书的编写思路及统稿工作由许华完成。

本书配套资源:PPT课件、全部例题和项目的源代码。

感谢选用本书的所有读者,欢迎对本书提出宝贵的意见和建议,作者将不胜感激。作者联系方式:285568151@qq.com。

编　者

目　录

上篇　程序设计基础

项目1　C＋＋程序设计起步 ·· 3

1.1　项目情景 ··· 3

1.2　相关知识 ··· 3

1.2.1　程序设计语言概述 ······························· 3

1.2.2　C＋＋程序基本结构 ······························· 4

1.2.3　C＋＋程序实现 ···································· 5

1.3　项目解决 ··· 8

1.4　知识拓展 ··· 11

1.4.1　C＋＋的字符集 ···································· 11

1.4.2　标识符与关键字 ·································· 11

1.4.3　简单输入与输出 ·································· 12

1.5　做得更好 ··· 15

1.6　你知道吗 ··· 15

1.7　更多知识参考 ··· 16

想一想 1 ··· 16

做一做 1 ··· 16

项目2　简易计算器 ··· 17

2.1　项目情景 ··· 17

2.2　相关知识 ··· 17

2.2.1　数据类型 ·· 17

2.2.2　常量和变量 ······································ 19

2.2.3　运算符和表达式 ·································· 23

2.3　项目解决 ··· 32

2.4　知识拓展 ··· 33

2.5　做得更好 ··· 35

2.6　你知道吗 ··· 35

2.7　更多知识参考 ··· 36

想一想 2 ··· 36

　　做一做 2 ……………………………………………………………………… 36

项目3　模拟 ATM 机工作流程 …………………………………………………… 37

　3.1　项目情景 ……………………………………………………………………… 37

　3.2　任务 1 相关知识 ……………………………………………………………… 38

　　3.2.1　程序控制结构概述 ……………………………………………………… 38

　　3.2.2　if 语句 …………………………………………………………………… 39

　　3.2.3　switch 语句 ……………………………………………………………… 44

　3.3　任务 1 实现 …………………………………………………………………… 46

　3.4　任务 2 相关知识 ……………………………………………………………… 47

　　3.4.1　for 语句 ………………………………………………………………… 48

　　3.4.2　while 语句 ……………………………………………………………… 49

　　3.4.3　do-while 语句 …………………………………………………………… 50

　　3.4.4　break 语句与 continue 语句 …………………………………………… 53

　　3.4.5　循环的嵌套 ……………………………………………………………… 54

　3.5　任务 2 实现 …………………………………………………………………… 55

　3.6　任务 3 相关知识 ……………………………………………………………… 56

　　3.6.1　函数的定义 ……………………………………………………………… 57

　　3.6.2　函数的调用 ……………………………………………………………… 59

　　3.6.3　函数的嵌套调用 ………………………………………………………… 63

　　3.6.4　函数的递归调用 ………………………………………………………… 64

　　3.6.5　内联函数 ………………………………………………………………… 65

　　3.6.6　局部变量与全局变量 …………………………………………………… 66

　　3.6.7　变量的存储类别 ………………………………………………………… 68

　3.7　任务 3 实现 …………………………………………………………………… 68

　3.8　知识拓展 ……………………………………………………………………… 74

　　3.8.1　宏定义 …………………………………………………………………… 74

　　3.8.2　文件包含 ………………………………………………………………… 75

　　3.8.3　条件编译 ………………………………………………………………… 76

　3.9　做得更好 ……………………………………………………………………… 77

　3.10　你知道吗 …………………………………………………………………… 78

　3.11　更多知识参考 ……………………………………………………………… 78

　想一想 3 …………………………………………………………………………… 79

　做一做 3 …………………………………………………………………………… 79

项目4　学生通讯录管理系统 …………………………………………………… 80

　4.1　项目情景 ……………………………………………………………………… 80

　4.2　相关知识 ……………………………………………………………………… 81

　　4.2.1　结构体 …………………………………………………………………… 81

　　4.2.2　一维数组 ………………………………………………………………… 84

4.2.3　输入输出流 ··· 87

4.3　项目解决 ·· 94

4.4　知识拓展 ·· 106

4.4.1　二维数组 ··· 106

4.4.2　字符数组 ··· 110

4.4.3　共用体 ·· 115

4.5　做得更好 ·· 117

4.6　你知道吗 ·· 118

4.7　更多知识参考 ·· 120

想一想 4 ·· 120

做一做 4 ·· 122

项目 5　指针 ·· 123

5.1　项目情景 ·· 123

5.2　相关知识 ·· 123

5.2.1　指针的概念 ·· 124

5.2.2　指针变量的定义和初始化 ·· 124

5.2.3　指针运算 ··· 125

5.3　项目解决 ·· 128

5.4　知识拓展 ·· 129

5.4.1　指针与一维数组 ·· 129

5.4.2　指针与二维数组 ·· 131

5.4.3　指针与字符串 ··· 133

5.4.4　指针作为函数参数 ··· 135

5.4.5　指针与引用 ·· 137

5.5　你知道吗 ·· 141

5.6　更多知识参考 ·· 142

想一想 5 ·· 142

做一做 5 ·· 144

下篇　面向对象程序设计

项目 6　ATM 机 ·· 147

6.1　项目情景 ·· 147

6.2　相关知识 ·· 147

6.2.1　面向对象 ··· 147

6.2.2　类 ··· 148

6.2.3　对象 ·· 151

6.2.4　构造函数和析构函数 ·· 152

6.2.5　this 指针 ··· 158

  6.2.6　友元函数 …………………………………………………… 159
  6.3　项目解决 …………………………………………………………… 162
  6.4　知识拓展 …………………………………………………………… 170
   6.4.1　静态数据成员 ………………………………………………… 170
   6.4.2　静态成员函数 ………………………………………………… 172
  6.5　做得更好 …………………………………………………………… 174
  6.6　你知道吗 …………………………………………………………… 174
 想一想 6 …………………………………………………………………… 175
 做一做 6 …………………………………………………………………… 175

项目 7　师生通讯录 ……………………………………………………… 176
  7.1　项目情景 …………………………………………………………… 176
  7.2　相关知识 …………………………………………………………… 177
  7.3　项目解决 …………………………………………………………… 181
  7.4　知识拓展 …………………………………………………………… 184
   7.4.1　多继承 ………………………………………………………… 184
   7.4.2　二义性 ………………………………………………………… 187
   7.4.3　虚基类 ………………………………………………………… 190
   7.4.4　多态 …………………………………………………………… 192
  7.5　做得更好 …………………………………………………………… 198
  7.6　你知道吗 …………………………………………………………… 198
  7.7　更多知识参考 ……………………………………………………… 199
 想一想 7 …………………………………………………………………… 200
 做一做 7 …………………………………………………………………… 200

项目 8　自制多功能计算器 ……………………………………………… 201
  8.1　项目情景 …………………………………………………………… 201
  8.2　相关知识 …………………………………………………………… 206
  8.3　项目解决 …………………………………………………………… 209
  8.4　知识拓展 …………………………………………………………… 213
   8.4.1　运算符重载 …………………………………………………… 213
   8.4.2　异常 …………………………………………………………… 216
  8.5　做得更好 …………………………………………………………… 217
  8.6　你知道吗 …………………………………………………………… 217
  8.7　更多知识参考 ……………………………………………………… 218
 想一想 8 …………………………………………………………………… 218
 做一做 8 …………………………………………………………………… 218

参考文献 …………………………………………………………………… 219

上篇　程序设计基础

项目1 C++程序设计起步

学习目标：

通过该项目你可以知道：

1. C++的由来
2. C++程序的基本结构
3. C++程序的实现方法与步骤

通过该项目你能够：

1. 搭建C++开发环境
2. 编写并运行一个简单的C++程序

1.1　项目情景

刚刚考入大学的 Angie 和 Daisy，对自己的未来充满了希望。他们酷爱计算机尤其是网络中的计算机，他们想象着通过自己的智慧操纵计算机控制着人类世界……从小小的计算器到神气的 ATM，是如何完成加、减、乘、除运算，如何自动完成银行卡中余额的查询、取款、转账等一系列的操作的？怎样改进计算器让它能完成更复杂的计算，怎样改进 ATM 让它还能够完成存款、代交电话费等其他功能？总之，他们有足够的好奇心和热情。

Angie 提出建议，我们先设计一个程序让它来告诉同学们自己的身高和体重是否标准吧。真是太好了！"程序设计"对于他们来说已经不是一个新鲜的名词，但是用什么语言来设计？在什么样的环境下设计？如何设计？自己设计的程序如何运行起来？这都是急需解决的问题。

1.2　相关知识

1.2.1　程序设计语言概述

程序设计语言，通常简称为编程语言，是一组用来定义计算机程序的语法规则。它是一

3

种被标准化的交流技巧,用来向计算机发出指令。它是一种计算机语言,让程序员能够准确地定义计算机所需要使用的数据,并精确地定义在不同情况下所应当采取的行动。

计算机这个"聪明"的"笨蛋"只认识两个数,即 0 和 1。最早的计算机语言仅由 0 和 1 组成,称为机器语言,就是第一代计算机语言。高深的机器语言使很多人望尘莫及,后来改进的机器语言用一些符号来表示,成为汇编语言。之后,为了开发与使用者的需要,又产生了更简单明了的类人类语言,即高级语言。目前,高级语言种类众多,但其语法和使用都有相似之处。C++语言,是目前在应用与教学中都很常用的一门基础语言。

1.2.2 C++程序基本结构

可以这样理解 C++程序,它是用 C++语言给计算机写的一封信,让计算机按照自己的要求完成一系列的工作。C++语言像其他语言一样有自己的词语、语法和书写格式。下面举几个简单的例子认识一下 C++程序。

例 1.1 编写程序输出"我开始学习 C++程序设计了"。

```cpp
#include <iostream>
using namespace std;
void main()
{
    cout<<"我开始学习 C++程序设计了";
}
```

例 1.2 编写程序输入圆的半径计算圆的面积。

```cpp
#include <iostream>
using namespace std;
void main()
{
    float r,s;
    cout<<"r = ";
    cin>>r;
    s = 3.14 * r * r;
    cout<<"圆的面积是"<<s<<endl;
}
```

一个 C++程序基本由两部分组成:声明部分和主程序。

1. 声明部分

(1) 文件包含

例如,#include<iostream>,同时使用"using namespace std;",指使用 std 命名空间。

注:所包含的文件都是该程序必需的。你可以试着去掉它,看看结果是什么。

(2) 其他

预处理、函数定义、全局变量的定义、结构体类型的定义、类的定义等。

注:这些将在后续项目中陆续使用,对于类的定义将在下篇项目6中介绍。

2. 主程序

C++的主程序也就是程序中的 main()函数,main()函数是一个完整的 C++程序唯一并且不可或缺的函数。C++程序无论多么复杂或简单,其执行都是从 main()函数开始到 main()函数结束。

main()函数中大括号的部分称为主函数体,主函数体是由一系列的语句组成的。这些语句的功能大体分为三类:变量定义语句、数据输入语句、数据输出语句。

1.2.3　C++程序实现

C++的开发工具有很多,如美国 Borland 公司 Turbo C++,微软公司的 Visual Studio、VC++等。本书采用常用的 VC++6.0 中文版作为开发工具。在 VC++6.0 中开发 C++程序通常经过编辑、编译、链接、执行四大步骤。

1. 编辑

(1) 首先启动 VC++6.0,其界面如图 1-1 所示。

图 1-1　VC++6.0界面

(2)建立项目,编辑 C++源文件。

· 建立项目

启动 VC++6.0 之后,打开"文件"菜单,执行"新建"命令,弹出如图 1-2 所示的对话框,选择项目类型与保存位置,输入项目名称,其他选项均为默认的设置,单击"确定"按钮,完成项目的建立。

· 建立 C++源文件

打开"文件"菜单,执行"新建"命令,弹出如图 1-3 所示的对话框,选择文件类型,输入文件名称,其他选项均为默认设置,单击"确定"按钮,建立 C++源文件。

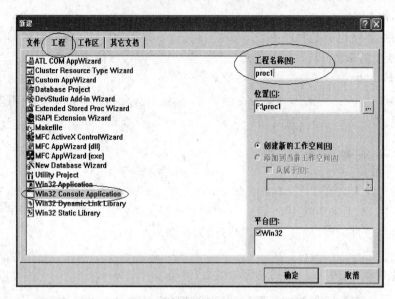

图 1-2　新建项目对话框

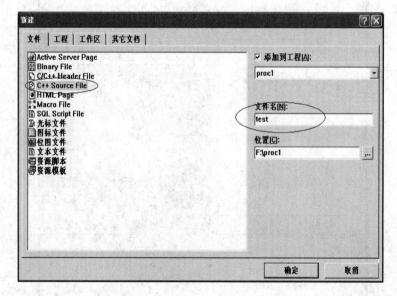

图 1-3　新建C++源文件对话框

输入 C++程序,完成 C++源程序的编辑工作,如图 1-4 所示。可以看到 C++源程序的扩展名是. cpp。

2. 编译

编译的功能是将高级语言的程序转换成计算机所能识别的机器语言程序。打开"组建"菜单,执行"编译"命令,如图 1-5 所示,则编译成功,生成目标文件,其扩展名是. obj。当然在我们真正去做的时候经常会出现错误,导致编译不成功,那么就需要去调试程序,所谓调试程序就是修改程序中的错误,重新编译程序。调试程序是程序设计中非常重要的一项工作,这将在项目实施中重点介绍。

图 1-4 C++源程序编辑

图 1-5 编译结果

3. 链接

链接就是把程序所需的各个模块组合成一个完整的程序。打开"组建"菜单,执行"组建"命令,若链接成功则生成可执行文件,其扩展名是.exe。

4. 执行

执行程序,就是执行生成的.exe文件,实现编写的C++程序。打开"组建"菜单,执行"执行"命令。至此,编写的C++程序就运行起来了,可以按照屏幕上的提示进行操作。

1.3 项目解决

还记得我们要干什么吗? 已经了解了C++的开发环境、实现过程,现在要让计算身材是否标准的程序运行起来,看看自己或家人的身材如何。赶快行动吧!

1. 启动 VC++6.0

第一次使用VC++6.0,首先你要认识"文件"菜单与"组建"菜单,其他的慢慢来吧。

2. 建立项目

你可以在F:下建立项目proc1,当然你也可以选择其他的保存位置和喜欢的项目名称,但是项目的类型必须是Win 32 Console Application。

3. 建立并编辑C++源文件

在编写程序之前,最重要的是进行程序的设计与分析,把要干什么弄清楚后再用C++语言描述出来,也就是编辑C++源程序。程序设计是一个循序渐进的过程,我们首先看看现成的程序是什么样的,然后再慢慢学习怎么编写程序。该项目提供的参考源代码如下:

```
#include<iostream>
using namespace std;
void main()
{
    int h,w,g;
    /*h保存身高,w保存体重,g保存该身高的标准体重*/
    cout<<"请输入你的身高(cm):";
    cin>>h;
    cout<<"请输入你的体重(kg):";
    cin>>w;
    //进行以下计算
    g=(h-100)*0.9;//计算标准体重
      if(w>g) cout<<"你偏胖"<<endl;
      else  if(w<g) cout<<"你偏瘦"<<endl;
        else
```

```
        cout<<"恭喜,你身材标准!"<<endl;
    }
```

你可以建立文件名为 test 的 C++源程序,并输入本书中的程序源代码。编辑 C++源文件时要注意以下两点。

(1) 格式

格式的不同并不影响程序的功能,但是影响你和他人的调试与阅读。换句话说,一个写得不"整洁"和不"规范"的程序,自己都懒得看,更何况别人呢? 所以养成一个良好的习惯,让程序"漂亮"起来。

(2) 编码

- C++严格区分大小写,Main()与 main()是完全不同的。
- 除双引号里面的符号,所有符号都是英文半角符号。

4.编译

打开"组建"菜单,执行"编译"命令。如果输出窗口中能显示" 0 error(s),0 warning(s)",那你简直太厉害了,事实上第一次输入的程序将会有很多错误。没关系,找错误也是一项本领。例如,在程序编译中出现了一个错误,如图 1-6 所示,根据提示知道错误数是 1,错误所在行是 3。双击第一个错误提示,即可定位错误所在位置,如图 1-7 所示,发现将"namespace"写成了"namepace",修改后重新编译。

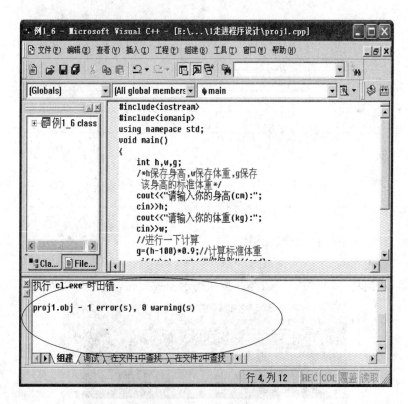

图 1-6　程序出错

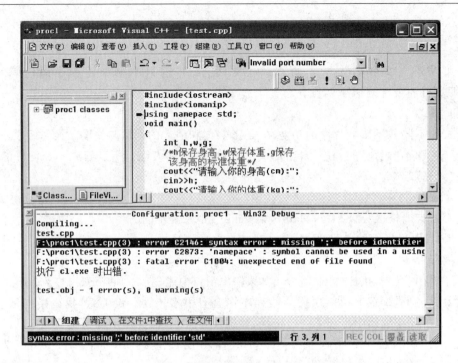

图 1-7　错误定位

小记录:

你在程序编译过程中发现_____个错误,错误内容如下:

_____

_____

_____

_____

大发现:

_____

---

5. 链接

打开"组建"菜单,执行"组建"命令。

6. 执行

打开"组建"菜单,执行"执行"命令。按照提示完成操作,如图 1-8 所示。

图 1-8　程序执行

小结:

设计一个 C++程序,首先分析要解决的问题,编写初始源程序,其实现的基本流程可用图 1-9 表示。

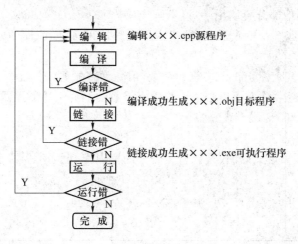

图 1-9 程序设计步骤

1.4 知识拓展

1.4.1 C++的字符集

C++语言如同汉语、英语等自然语言一样,其语法结构和构成规则都大致相同,具有字符、单词、句子、文章的基本成分和结构,由字符可以构成单词,由单词可以构成句子(语句),由句子(语句)可以构成文章(程序)。

C++语言中最小的语法单位是字符,它由以下类别的字符组成。

(1) 大、小写英文字母 A~Z、a~z,大小写不等效,如 A 和 a 为不同的字符。

(2) 十进制数字符号 0~9。

(3) 英文半角标点符号:逗号(,)、分号(;)、单引号(')、双引号(")、冒号(:)、空格( )、左花括号({)、右花括号(})。

(4) 单字符运算符号:左右圆括号( )、左右方括号[ ]、加(+)、减(−)、乘(*)、除(/)、取余数(%)、小数点(.)、大于(>)、等于(=)、小于(<)、叹号(!)、破折号(~)、和号(&)、尖号(^)、分割符(|)、问号(?)。

(5) 特殊用途的符号:井号(#)、反斜线(\)、下画线(_)。

在字符串中可以使用任何字符,包括汉字、图形字符等,不受语法限制。

1.4.2 标识符与关键字

1. 标识符

在 C++程序中经常使用一些"词语"表示特定含义,这些"词语"称为标识符。

11

标识符通常用于变量的名字、类的名字、函数的名字等。标识符的定义必须遵循以下规则：

(1) 所有标识符必须由一个字母(a~z 或 A~Z)或下画线(_)开头；

(2) 标识符的其他部分可以用字母、下画线或数字(0~9)组成；

(3) 大、小写字母表示不同意义，即代表不同的标识符，如前面的 cout 和 Cout 是完全不同的。

C++没有限制一个标识符中字符的个数，但是大多数的编译器都会有限制。不过，我们在定义标识符时，通常并不用担心标识符中字符数会不会超过编译器的限制，因为编译器限制的数字很大(如 255)。

2. 关键字

关键字是编译器预定义好的，具有特定含义的标识符，也称为保留字。标准 C++中预定义了 63 个关键字，见表 1-1。另外，还定义了 11 个运算符关键字，它们是：and、and_eq、bitand、bitor、compl、not、not_eq、or、or_eq、xor 、xor_eq。

表 1-1　C++关键字

asm	default	float	operator	static_cast	union
auto	delete	for	private	struct	unsigned
bool	do	friend	protected	switch	using
break	double	goto	public	template	virtual
case	static	if	register	this	void
catch	else	inline	false	throw	volatile
char	enum	int	return	true	wchar_t
class	explicit	long	short	try	while
const	export	mutable	signed	typedef	continue
new	extern	sizeof	namespace	typeid	typename
const cast	dynamic cast	reinterpret cast			

1.4.3　简单输入与输出

C++通过以下 3 种方式完成输入、输出：

(1) 使用 C 语言中输入输出函数；

(2) 使用标准输入输出流对象 cin 和 cout；

(3) 使用文件流。

第(1)种方式是为了与 C 兼容而保留的；第(3)种方式将在后续项目中介绍；第(2)种方式是 C++中常用的输入输出方式。

1. 使用 cout 输出

cout 一般格式如下：

cout << 　<表达式1>［ << <表达式2>… << <表达式 n>］

说明：

(1) "<<"称为插入运算符，表示将表达式的运算结果插入输出流的末尾，即在显示器上显示。

(2) 将 cout 想象成显示器,"<<"想象成数据流向箭头,可以很容易记忆输出操作。

例 1.3 输出简单文字。

```cpp
#include <iostream>
using namespace std;
void main()
{
    cout<<"欢迎学习 Java 语言程序设计";

}
```

运行结果如图 1-10 所示。

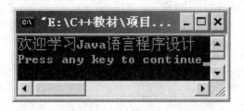

图 1-10 例 1.3 运行结果

例 1.4 输出一个简单图形。

```cpp
#include <iostream>
using namespace std;
void main()
{
    cout<<"             *"<<endl;
    cout<<"            *   *"<<endl;
    cout<<"          *       *"<<endl;
    cout<<"     *********************"<<endl;
    cout<<"    *     *       *      *"<<endl;
    cout<<""<<endl;

}
```

运行结果如图 1-11 所示。

图 1-11 例 1.4 运行结果

例 1.5 输出简单数据。

```cpp
#include<iostream>
using namespace std;
void main()
{
    int a;
    a = 100;
    cout<<"a = "<<a<<endl;
}
```

运行结果如图 1-12 所示。

图 1-12 例 1.5 运行结果

2. 使用 cin 输入

cin 一般格式如下：

cin >> <变量1>［>> <变量2>…>> <变量 n>］

说明：

(1)">>"称为提取运算符,表示程序暂停执行,等待从输入流中提取数据赋给变量。

(2) 将 cin 想象成键盘,">>"想象成数据流向箭头,可以很容易记忆输入操作。

例 1.6 简单数据输入。

```cpp
#include<iostream>
using namespace std;
void main()
{
    int a,b;
    float c,d;
    cout<<"输入两个整数:";
    cin>>a>>b;    //从键盘输入两个整数
    cout<<"输入两个实数:";
    cin>>c>>d;    //从键盘输入两个实数
    cout<<"a = "<<a<<endl;
    cout<<"b = "<<b<<endl;
    cout<<"c = "<<c<<endl;
    cout<<"d = "<<d<<endl;
}
```

运行结果如图 1-13 所示。

图 1-13　例 1.6 运行结果

小结：

输入数据时可用"空格"键、"Tab"键、"Enter"键将输入数据分开。

1.5　做得更好

你对该项目满意吗？对该项目检测你的身材标准结果满意吗？你可以对该项目提出改进与完善的要求，并当你有能力时实现它。

例如，你可以要求在屏幕上显示计算出来的标准体重，你还可以要求＿＿＿＿＿＿＿＿

＿＿＿

＿＿＿

1.6　你知道吗

1. 初视 C++

C++这个词在中国大陆的程序员圈子中通常被读做"C 加加"，而西方的程序员通常读做"C plus plus"、"CPP"，它是一种使用非常广泛的计算机编程语言。

C 语言之所以要起名为"C"，是因为它是主要参考那个时候的一门叫 B 的语言，它的设计者认为 C 语言是 B 语言的进步，所以就起名为 C 语言；但是并不是 B 语言之前还有个 A 语言，B 语言的作者为了纪念他的妻子，他的妻子名字的第一个字母是 B，而起名的 B 语言。当 C 语言发展到顶峰的时刻，出现了一个版本叫 C with Class，那就是 C++最早的版本，在 C 语言中增加 Class 关键字和类，那个时候有很多版本的 C 都希望在 C 语言中增加类的概念；后来 C 标准委员会决定为这个版本的 C 起个新的名字，那个时候征集了很多名字，最后采纳了其中一个人的意见，以 C 语言中的++运算符来体现它是 C 语言的进步，故而叫 C++，成立了 C++标准委员会。

另外，就目前学习 C++而言，可以认为它是一门独立的语言；它并不依赖 C 语言，我们可以完全不学 C 语言，而直接学习 C++。有人认为在大多数场合 C++ 完全可以取代 C

语言。

2. 潘嘉杰

毕业于上海大学计算机工程与科学学院,现就职于上海某研究院。曾荣获第三届"博创杯"全国大学生嵌入式设计竞赛二等奖,并在 2007 年全国嵌入式系统设计师的认证考试中排名前 50 位。曾在上海市北郊高级中学任教 C++一年。大学二年级开始独立编写《易学C++》一书。

1.7　更多知识参考

百度　http://baike.baidu.com/view/118570.htm

想一想 1

1. 程序是什么?
2. 开发一个 C++程序需要哪几个步骤?

做一做 1

1. 模仿例 1.1 编写程序在屏幕上输出以下信息:"良好的开端是成功的一半!"。
2. 模仿例 1.2 编写程序计算矩形的面积。

项目 2　简易计算器

学习目标：

通过该项目你可以知道：

1. C++的基本数据类型
2. 变量的定义及应用
3. 运算符的用法
4. 表达式的应用

通过该项目你能够：

1. 分析程序恰当地定义变量
2. 使用运算符与表达式处理程序中的数据

2.1　项目情景

Angie 和 Daisy 仍然沉浸在喜悦之中，他们开始了使用 C++语言与计算机的沟通与交流之旅。

Angie：其实程序并不神秘。

Daisy：我们做的事情用 C++语言描述出来就 OK 了。

Angie：你有没有发现程序要做三件事？

Daisy：三件事？

Angie：获得我们提供的数据、处理数据、将处理结果告诉我们。

Daisy：那数据与数据的处理岂不是很重要？

Angie：整数、小数是最基本的数据类型了。

Daisy：做个简易计算器，从基本数据类型开始看看 C++中有哪些数据类型，对这些类型的数据如何处理。

2.2　相关知识

2.2.1　数据类型

数据类型是 C++语言最基本的要素，是编写程序的基础。举个例子，比如做菜，首先

17

必须有原料,还要有一些加工的方法,才能将原料做成可口的佳肴,这个原料就是数据类型,而程序就相当于加工方法。确定了存放数据的数据类型,才能确定对应变量的空间大小及其操作。C++提供了丰富的数据类型,分为基本数据类型和非基本数据类型,如图2-1所示。

在不同的计算机上,每个变量类型所占的内存空间的长度不一定相同。例如,在16位计算机中,整型占2字节,而在32位计算机中,整型变量占4字节。除上述一些基本类型外,还有数据类型修饰符,用来改变基本类型的意义,以便更准确地适应各种情况的需要。修饰符有 long(长型符)、short(短型符)、signed(有符号)和 unsigned(无符号)。

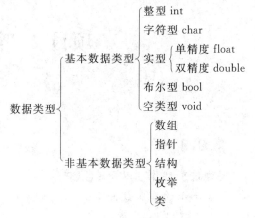

图 2-1 C++的数据类型

数据类型的描述确定了其内存所占空间大小,也确定了其表示范围。以在 32 位计算机中表示为例,基本数据类型加上修饰符如表 2-1 所示。

表 2-1 C++基本数据类型描述

基本数据类型		关键字	长度	表示范围	备注
布尔型		bool	1	true 或 false	非 0 整型数或 0
字符型	字符型	char	1	$-128\sim127$	$-2^7\sim(2^7-1)$
	无符号字符型	unsigned char	1	$0\sim255$	$0\sim(2^8-1)$
	有符号字符型	signed char	1	$-128\sim127$	$-2^7\sim(2^7-1)$
整型	整型	int	4	$-2\ 147\ 483\ 648\sim2\ 147\ 483\ 647$	$-2^{31}\sim(2^{31}-1)$
	无符号整型	unsigned int	4	$0\sim4\ 294\ 967\ 295$	$0\sim(2^{32}-1)$
	有符号整型	signed int	4	$-2\ 147\ 483\ 648\sim2\ 147\ 483\ 647$	$-2^{31}\sim(2^{31}-1)$
	短整型	short int	2	$-32\ 768\sim32\ 767$	$-2^{15}\sim(2^{15}-1)$
	无符号短整型	unsigned short int	2	$0\sim65\ 535$	$0\sim(2^{16}-1)$
	有符号短整型	signed short int	2	$-32\ 768\sim32\ 767$	$-2^{15}\sim(2^{15}-1)$
	长整型	long int	4	$-2\ 147\ 483\ 648\sim2\ 147\ 483\ 647$	$-2^{31}\sim(2^{31}-1)$
	无符号长整型	unsigned long int	4	$0\sim4\ 294\ 967\ 295$	$0\sim(2^{32}-1)$
	有符号长整型	signed long int	4	$-2\ 147\ 483\ 648\sim2\ 147\ 483\ 647$	$-2^{31}\sim(2^{31}-1)$
实数型	浮点型	float	4	$-3.4E+38\sim3.4E+38$	7 位有效位
	双精度型	double	8	$-1.7E+308\sim1.7E+308$	15 位有效位
	长双精度型	long double	10	$-1.2E+4\ 932\sim1.2E+4\ 932$	19 位有效位
空类型	空类型	void		没有对应的值,仅用在一些有限的情况下,通常用做无返回值函数的返回类型	

2.2.2 常量和变量

1. 变量

在程序的执行过程中其值可以改变的量,称为变量。每个变量由一个变量名唯一标识,同时,每个变量又有一个特定的数据类型。

(1) 变量的命名

程序员不能随心所欲地定义变量名,必须遵循以下规则。

- 可以由字母、数字和下画线构成,但第一个字符必须是字母或下画线。
- 中间不能有空格。
- 不能是 C++的关键字。
- C++区分大小写,即大写字母和小写字母被认为是两个不同的字符。
- 不要太长,一般不超过 32 位字符。

根据以上的规则,下面的变量名都是合法的:

Myname,MYNAME,_birth,birth_day,Case,Int1,x1

而下面则是一些非法的标识符:

123a,&abc,3a,string,case,ab@,_12 * ,a<b

(2) 变量的定义和声明

在使用一个变量之前,必须对其进行定义或声明,而且必须在声明中指定变量的类型和名称。变量类型的创建就是告诉编译器要为变量分配多少字节的内存空间,变量名代表所分配的内存单元。

变量定义的格式一般如下:

［修饰符］数据类型 变量名;

修饰符是可选的,用于描述变量的使用方式;数据类型指出变量存放的数据的类型。

多个同一类型的变量在同一个声明语句中定义,可按如下的格式:

［修饰符］数据类型 变量名 1,变量名 2,变量名 3

例如:

```
char a;          //定义字符型变量 a
int i,j          //定义整型变量 i 和 j
float x,y,z      //定义实型变量 x,y,z
```

注:"声明"和"定义"之间的区别如下。

① 两者的语法格式类似。"声明"是向计算机介绍名字;而"定义"则是为这个名字分配存储空间。

② 在一个编译单元即一个源程序文件中,变量的"声明"和"定义"是等同的,即均为变量定义;而在不同的编译单元中,两者是有区别的,如果在甲编译单元中定义了一个变量 a,希望在乙编译单元中使用它的值,就需要先"声明"该变量,然后才能使用它的值。

(3) 变量的赋值和初始化

用赋值运算符"＝"给变量赋值。例如:

```
int a;
a = 5;          //赋初值
```

也可以在定义时直接给变量赋值。在定义的同时,赋给变量一个初始值,称为变量的初始化。例如:

int a = 5;   //定义并初始化

以上的例子,赋初值的形式用两条语句完成,初始化的形式只用一条语句。它们都是先给变量分配一个整数存放的内存空间,然后将一个整数值赋给该变量,其初始化和赋值的效果完全一样。

在定义时也可以初始化多个变量。例如:

int a = 3,b = 4;

不是所有的变量在定义时都需要初始化。例如:

float sum ,n = 56;

该变量定义并不是将 56 同时赋给这两个变量,而是将 n 初始化为 56,sum 只是定义,并没有初始化。

例 2.1 变量应用实例。

```cpp
#include<iostream>
using namespace std;
void main()
{
    int num;
    float total;
    char ch1,ch2 = ´E´;
    const float PRICE = 26.5;
    cout<<"num = ";
    cin>>num;
    total = num * PRICE;
    ch1 = ch2 - ´A´ + ´a´;
    cout<<"total = "<<total<<"\tch1 = "<<ch1<<endl;
}
```

2. 常量

常量是在程序运行中其值不能改变的量。常量直接用符号表示它的值,如 pi 表示圆周率常量 3.141 592 6,如果程序中多处出现此值,则可在程序的开始定义这样的语句:

#define PI   3.1415926

或在程序中用如下语句:

const float pi = 3.1415926;

在 C++中,常量的类型有 5 种,即整型常量、实型常量、字符常量、字符串常量和枚举常量,下面逐一介绍。

(1)整型常量

① 十进制整数。除表示正负号的符号外("+"可省略),以 1~9 开头的整数为十进制整数,单个数字 0 也是整数,如 123、—25、0、1234 等。

② 八进制整数。为了与十进制区别,八进制整数以 0 开头,后跟若干个 0~7 的数字。

例如,0123 表示的八进制 $(123)_8$,它表示的十进制数为 $1×8^2+2×8+3=83$。

③ 十六进制整数。以 0x 或 0X 开头,后跟若干个 0~9 及 a~f,a~f 分别表示十进制整数 10~15。例如,0x123 表示十六进制数 $(123)_{16}$,它表示的十六进制数为 $1×16^2+2×16+3=291$。

如果在整数后面加一个字母 L 或 l,则认为是 long int 型常数,如 123L 是 long int 型常数。还可以在整数后面加上 u 或 U,表示无符号整数,如 2003u 表示无符号的十进制整数。

(2) 实型常量

实型常量由整数和小数两部分组成,在 C++ 中,实型常量包括单精度(float)、双精度(double)、长双精度(long double)三种。字符 f 或 F 作为后缀表示单精度数。例如,3.14f 表示单精度数,而 1.25 默认为是双精度数。

按表示方式分,实型常量有小数形式和指数形式两种表示方式。

① 小数形式,也称定点数,由数字 0~9、小数点和正负号组成。小数点前的 0 可以省略,但小数点不可以省略,如 1.23、−6.23、0.56、−.123、.12 等。

② 指数形式,也称浮点型、科学计数法,由数字、小数点、正负号和 E(e)组成,指数形式表示为

数字部分　E(或 e) 指数部分　　//指数部分一定是整数

注:字母 e 前一定要有数字,其后一定是整数。

合法的指数形式有

1.23e5、123e3、−1.23e−5、−1e3

不合法的指数形式有

E5、123e0.5、12e、1.23e0.25

(3) 字符常量

字符常量是用单引号括起来的一个字符。它有两种表示形式,即普通字符和转义字符。

① 普通字符,即可直接显示字符。例如,′a′、′B′、′5′、′#′、′+′等。

② 转义字符,即以反斜杠“\”开头,后跟一个字符或一个字符的 ASCII 码值表示的字符。

在“\”后跟一个字符常用来表示一些控制字符。例如,′\n′表示换行。

在“\”后跟一个字符的 ASCII 码值,则必须是一个字符的 ASCII 码值的八进制或十六进制形式,表示形式为\ddd、\xhh。其中,ddd 表示三位八进制、hh 表示两位十六进制数。例如,′\101′、′\x41′都可以用来表示字符′A′。

在 C++ 中,已预定义了具有特殊含义的转义字符,如表 2-2 所示。

表 2-2　常见的转义字符及其含义

转义字符	ASCII 码(十六进制)	功能
\n	0a	换行
\t	09	水平制表符
\v	0b	垂直制表符
\b	08	退格
\r	0d	回车

转义字符	ASCII 码(十六进制)	功能
\"	22	双引号
\\	5c	字符"\"
\'	27	单引号
\ddd	d 是八进制	1~3 位的八进制数
\xhh	h 是十六进制	1~2 位的十六进制数

（4）字符串常量

字符串常量是由一对双引号括起来的字符序列。例如，"How are you?"、"我是一名学生"、"A"等都是字符串常量。

在 C++中，规定以字符'\0'作为字符串的结束标志。字符串常量和字符常量是不同的，字符串常量是用双引号括起来的若干个字符，字符常量是用单引号括起来的一个字符。例如，"A"是字符串常量，而'A'是字符常量。

（5）枚举常量

枚举常量可以通过建立枚举类型来定义。

定义枚举类型的语法是先写关键字 enum，后跟类型名、花括号，花括号括起来的里面是用逗号隔开的枚举常量值，最后用分号结束定义。例如：

enum weekday {Sun,Mon,Tue,Wed,Thu,Fri,Sat};

其中，weekday 是枚举类型名，不是变量名，所以不占内存空间。可以用 weekday 来声明变量，例如：

Weekday workingday;

或

enum weekday {Sun,Mon,Tue,Wed,Thu,Fri,Sat} workingday;

如果没有专门指定，第一个枚举元素的值默认为 0，其他枚举元素的值依次递增。

例 2.2 常量应用实例。

```cpp
#include<iostream>
using namespace std;
#define PI 3.1415926
void main()
{
    float r,s;
    cout<<"请输入圆的半径";
    cin>>r;
    s=PI*r*r;
    cout<<"该圆的面积是"<<s<<endl;//符号常量 PI
    cout<<"★★★★★★★★★★★★★★★★★★"<<endl;
    cout<<"普通字符常量："<<'A'<<'1'<<' '<<'b'<<endl;
    cout<<"转义字符常量："<<'\"';
```

```
    cout<<"字符串常量:"<<"welcome to China!"<<endl;
    cout<<"\130 \x59 Z\n";
    cout<<628.36;
    cout<<"\nI say:\"Good Morning! \"\n";
    cout<<"———————————"<<endl;
    cout<<"十进制整数常量:"<<319<<endl;
    cout<<"八进制整数常量:"<<0716<<endl;
    cout<<"十六进制整数常量:"<<0x36A<<endl;
    cout<<"———————————"<<endl;
    cout<<"单精度数常量:"<<3.1415f<<endl;
    cout<<"双精度数,系统默认类型:"<<1.23<<endl;
    cout<<"长双精度数:"<<689L<<endl;
    cout<<"指数表示法常量:"<<1.23e3<<"\t"<<1e-8<<endl;
}
```

2.2.3　运算符和表达式

运算符又称为操作符,它是对数据进行运算的符号,参与运算的数据称为操作数。一个运算符可以是一个字符,也可以是由两个或三个字符所组成的,还有的是 C++的保留字。例如,赋值号(=)是一个字符,等号(==)是两个字符,测类型长度运算符(sizeof)是一个保留字。

按操作数的多少,可将运算符分为单目(一元)运算符、双目(二元)运算符和三目(三元)运算符三类。

单目运算符位于操作数前或后,形如:

<单目运算符> <操作数>　　或　　<操作数> <单目运算符>

例如:

－a,i++,－－j

双目运算符一般位于两个操作数之间,形如:

<左操作数> <双目运算符> <右操作数>

例如:

a+b,i∗j

三目运算符在 C++中仅有一个,即条件运算符,它含有两个字符,将三个操作数分开。

由操作数和运算符连接而成的式子称为表达式,其目的是用来说明一个计算过程。表达式根据某些约定、求值次序、结合性和优先级规则来进行计算。

可以从以下三方面理解和掌握运算符。

① 运算符与操作数的关系。要注意运算符要求操作数的个数和类型。

② 运算符的优先级别。优先级高的先运算,优先级低的后运算。

③ 运算符的结合性,即表达式中出现同等优先级的操作符时,该先做哪个操作的规定。如果一个运算符对其运算对象的操作是从左向右进行的,就称此运算符为左结合,反之称为右结合。

1. 算术运算符与算术表达式

算术运算符是对数据进行算术计算,如加、减、乘、除等,是在程序中使用最多的一种运算符。C++的算术运算符如表 2-3 所示。

表 2-3 C++的算术运算符及其功能

运算符	功能	结合性	目	实例
＋	加法	左结合	双目	a＋b
－	减法	左结合	双目	a－b
＊	乘法	左结合	双目	a＊b
/	除法	左结合	双目	a/b
％	求余	左结合	双目	a％b
＋	正号	右结合	单目	＋a
－	负号	右结合	单目	－a
＋＋	自增	右结合	单目	＋＋i,i＋＋
－－	自减	右结合	单目	－－j,j－－

＋＋、－－运算符都是单目运算符,且为右结合。这两个运算符都有前置和后置两种形式。

算术运算符的优先级为:"＋"(正号运算符)和"－"(负号运算符)优先级最高;"＊"、"/"和"％"优先级次高;"＋"(加法)和"－"(减法)优先级最低。"＋＋"(自增运算符)和"－－"(自减运算符)的优先级和正、负运算符的优先级是一样的。

例 2.3 算术表达式及运算符的优先级应用实例。

```cpp
#include<iostream>
using namespace std;
void main()
{
    int i = 3,j = 6,k = 4;//定义变量并初始化
    int x,y,z;//定义变量
    x = i + j - k;
    cout<<"x = "<<x<<endl;
    y = i + j * k/2;
    cout<<"y = "<<y<<endl;
    cout<<"y = "<<y++ <<endl;
    //以上语句等价于 cout<<"y = "<<y<<endl;  y = y + 1;
    cout<<"y = "<< ++y<<endl;
    //以上语句等价于 y = y + 1;  cout<<"y = "<<y<<endl;
    cout<<"y = "<<y<<endl;
    z = (i + j) * k%5;
    --z;//等价于 z = z - 1;
```

```
cout<<"z = "<<z<<endl;
}
```

运行结果如图 2-2 所示。

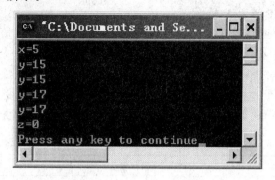

图 2-2　例 2.3 运行结果

自增、自减运算的运算如果不参与运算的话,那么＋＋和－－放在变量前或后的效果是一样的,但如果继续参与其他运算,那么这两种运算符后置的结果是取变量原来的值参与运算,前置的结果是变量的值先自增或自减,然后参与运算。

例 2.4　输入 24 小时制时间,输出对应的 12 小时制时间。

```
#include<iostream>
using namespace std;
void main()
{
    int h,h1;
    cout<<"输入 24 小时制时间:";
    cin>>h;
    h1 = h % 12;
    cout<<h<<"点对应 12 小时制"<<h1<<"点"<<endl;

}
```

例 2.5　输入天数,输出有多少周余多少天。

```
#include<iostream>
using namespace std;
void main()
{
    int days,w,t;
    cout<<"输入天数:";
    cin>>days;
    w = days/7;
    t = days % 7;
```

```
        cout<<days<<"天合"<<w<<"周零"<<t<<"天"<<endl;
}
```

2. 赋值运算符与赋值表达式

C++语言提供了两类赋值运算符:基本赋值运算符和复合赋值运算符。由赋值运算符将表达式连接起来的有效式子称为赋值表达式,其一般格式为

变量 = 表达式

赋值表达式的作用就是把赋值运算符右边表达式的值赋给左边的变量。赋值运算符的优先级为:只高于逗号运算符,比其他运算符的优先级都低。表 2-4 列出了赋值运算符及其功能。

表 2-4　赋值运算符及其功能

运算符	功能	结合性	目	实例
=	赋值	右结合	双目	a=2*b
+=	加赋值	右结合	双目	a+=2*b
-=	减赋值	右结合	双目	a-=2*b
*=	乘赋值	右结合	双目	a*=2*b
/=	除赋值	右结合	双目	a/=2*b
%=	模赋值	右结合	双目	a%=2*b

例 2.6　赋值表达式及运算符应用实例。

```
#include <iostream>
using namespace std;
void main()
{
        int a=6,b=4,c;
        c=(++a)-(b--);
        cout<<"c="<<c<<endl;
        int x,y,z=a;
        x=(y=z+1);
        cout<<"x="<<x<<endl;
        int m=1,n=2,p=3;
        m+=n*=p-=1;
        cout<<"m="<<m<<","<<"n="<<n<<","<<"p="<<p<<endl;
}
```

运行结果如图 2-3 所示。

图 2-3　例 2.6 运行结果

小结：

(1) 赋值运算符左边的量必须是变量，不能是常量或表达式。

(2) 要注意区分赋值表达式"＝"与数学上等号的异同。

3. 关系运算符与关系表达式

C++中提供了 6 个关系运算符，即＞、＞＝、＜、＜＝、＝＝、!＝，其优先级为(＞、＞＝、＜、＜＝)高于(＝＝、!＝)，括号中运算符的优先级相同。

由关系运算符将两个表达式连接起来的有效式子称为关系表达式。一个关系表达式的值是一个逻辑值。当关系为真时，值为 1；关系为假时，值为 0。表 2-5 列出了关系运算符及其功能。

表 2-5　关系运算符及其功能

运算符	功能	结合性	目	实例
＞	大于	左结合	双目	a＞b
＞＝	大于等于	左结合	双目	a＞＝b
＜	小于	左结合	双目	a＜b
＜＝	小于等于	左结合	双目	a＜＝b
＝＝	等于	左结合	双目	a＝＝b
!＝	不等于	左结合	双目	a!＝b

例 2.7　关系表达式及运算符应用实例。

```cpp
#include <iostream>
#include <math.h>
using namespace std;
void main()
{
int a = 3,b = 4,c;
float x,y,z;
c = (a = b);
cout<<"c = "<<c<<endl;
c = (a = = b);
cout<<"c = "<<c<<endl;
x = fabs(1.0/3.0 * 3.0 - 1.0)<1e - 6;
cout<<"x = "<<x<<endl;
y = (2 + 8)>2 * 5;
cout<<"y = "<<y<<endl;
z = 10<2;
cout<<"z = "<<z<<endl;
}
```

运行结果如图 2-4 所示。

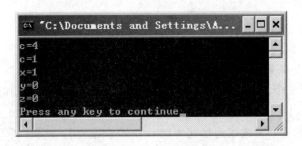

图 2-4　例 2.7 运行结果

小结：

（1）要注意对实数作相等或不等的判断。例如，比较 $1.0/3.0*3.0$ 与 1.0 可通过计算两者之差极小来实现，即 $fabs(1.0/3.0*3.0-1.0)<1e-6$ 成立。

（2）一般不使用连续关系运算符的描述方式，这样往往会出现出乎意料的结果。例如，$12>6>2$ 在 C++语言中是允许的，但值为 0。

（3）注意区分运算符"="和"=="的使用。

4．逻辑运算符与逻辑表达式

逻辑运算符是对两个逻辑量进行运算的运算符。由逻辑运算符将表达式连接起来的有效式子称为逻辑表达式，其运算对象是逻辑量，表 2-6 列出了逻辑运算符及其功能。

表 2-6　逻辑运算符及其功能

运算符	功能	结合性	目	实例
!	逻辑非	右结合	单目	! a
&&	逻辑与	左结合	双目	$(j>=1)\&\&(j<=10)$
||	逻辑或	左结合	双目	$(j<=1)\|\|(j>=10)$

逻辑运算符的优先级从高到低为：!（非）→&&（与）→||（或）。表 2-7 列出了逻辑运算符的运算规则。

表 2-7　逻辑运算符的运算规则

a	b	! a	a&&b	a||b
0	0	1	0	0
0	1	1	0	1
1	0	0	0	1
1	1	0	1	1

说明：

（1）C++语言中，在给出一个逻辑表达式的最终计算结果值时，用 1 表示真，用 0 表示假。但在进行逻辑运算的过程中，凡是遇到非零值时就当真值参加运算，遇到零值时就当假值参加运算。

（2）对于数学上的表示多个数据间进行比较的表达式，在 C++中要拆成多个条件并用逻辑运算符连接形成一个逻辑表达式。例如，要表示一个变量 j 的值处于 1 和 10 之间时,必须写成 j>=1&&j<=10。

例 2.8 逻辑表达式计算实例。

```cpp
#include <iostream>
using namespace std;
void main()
{
    int a = 3,b = 5,c;
    c = (a>1)||(b<10);
    cout<<"c = "<<c<<endl;
    c = (a==0)&&(b<10);
    cout<<"c = "<<c<<endl;
    c = !(a+b);
    cout<<"c = "<<c<<endl;
}
```

运行结果如图 2-5 所示。

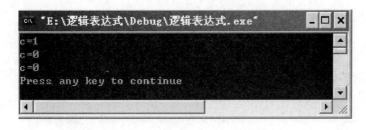

图 2-5 例 2.8 运行结果

例 2.9 输入年份判断该年是否为闰年。

```cpp
#include <iostream>
using namespace std;
void main()
{
    int n;
    cout<<"输入年份:";
    cin>>n;
    if((n%4==0)&&(n%100!=0)||(n%400==0))
        cout<<n<<"is leap year!"<<endl;
    else
        cout<<n<<"is not leap year!"<<endl;
}
```

5. 条件运算符与条件表达式

C++语言中提供的唯一的三目运算符,即条件运算符(?:)。由条件运算符将三个表达式连接起来的有效式子称为条件表达式。其格式如下:

表达式 1? 表达式 2:表达式 3

条件运算符的规则是:首先判断表达式 1 的值,若其值为真(非 0),则取表达式 2 的值为整个表达式的值;若其值为假(0),则取表达式 3 的值为整个表达式的值。

条件运算符的优先级高于赋值运算符,低于关系和算术运算符,结合方式为从左向右结合。

例 2.10 条件表达式计算实例。

```
#include <iostream>
using namespace std;
void main()
{
    float x = 12.25f,y = 3.6f,max;
    max = x>y? x:y;
    cout<<"max = "<<max<<endl;
}
```

运行结果如图 2-6 所示。

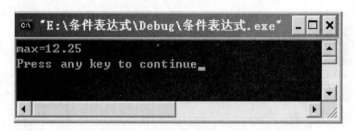

图 2-6　例 2.10 运行结果

小结:

(1) max=x>y? x:y;用到了两个运算符,赋值运算符和条件运算符,后者的优先级高于前者。

(2) max=x>y? x:y;返回 x 和 y 中较大的值。

6. 逗号运算符与逗号表达式

逗号运算符其功能是按从左向右的顺序逐个对操作对象求值,并返回最后一个操作对象的值。逗号运算符也称顺序求值运算符,具有左结合性。

由逗号运算符将表达式连接起来的有效式子称为逗号表达式,其一般形式为

表达式 1,表达式 2,表达式 3,…,表达式 n

例 2.11 逗号表达式计算实例。

```
#include <iostream>
using namespace std;
void main()
{
    int a = 3,b = 4,c,d;
    c = a++,b++,a + b;
```

```
cout<<"c = "<<c<<endl;
d = (a + + ,b + + ,a + b);
cout<<"d = "<<d<<endl;
}
```

运行结果如图 2-7 所示。

图 2-7 例 2.11 运行结果

小结：

(1) 逗号运算符的优先级最低，所以在语句 c＝a＋＋,b＋＋,a＋b;中，先计算赋值表达式的值，即先计算 c＝a＋＋,c 的结果是 3。

(2) (a＋＋,b＋＋,a＋b)是逗号表达式,按从左向右的顺序逐个对操作对象求值,使得 a 的值是 5,b 的值是 6,d 的值为最后一个表达式的值,即 a＋b 的值是 11。

7. 运算符的优先级

每个运算符都有自己的优先级和结合性。当一个表达式中包含多个运算符时,要确定运算的结果,必须首先确定运算的先后顺序,即运算符的优先级和结合性。C＋＋中运算符的优先级和结合性如表 2-8 所示。

表 2-8 运算符的优先级和结合性

优先级	运算符	功能及说明	结合性	目
1	( )	改变运算符的优先级	左结合	双目
	::	作用域运算符		
	[ ]	数组下标运算符		
	. 、->	访问成员运算符		
	. * 、-> *	成员指针运算符		
2	!	逻辑非	右结合	单目
	~	按位取反		
	++ 、--	自增、自减运算符		
	*	间接访问运算符		
	&	取地址运算符		
	+ 、-	单目正、负运算符		
	(type)	强制类型转换		
	sizeof	测试类型长度		
	new、delete	动态分配、释放内存运算符		

31

优先级	运算符	功能及说明	结合性	目
3	* 、/、%	乘、除、取余	左结合	双目
4	+、−	加、减	左结合	双目
5	<<、>>	左位移、右位移	左结合	双目
6	<、<=、>、>=	小于、小于等于、大于、大于等于	左结合	双目
7	==、! =	等于、不等于	左结合	双目
8	&	按位与	左结合	双目
9	^	按位异或	左结合	双目
10	|	按位或	左结合	双目
11	&&	逻辑与	左结合	双目
12	||	逻辑或	左结合	双目
13	? =	条件运算符	左结合	三目
14	=、+ =、− =、* =、/ =、% =、<<=、>>=、& =、^=、| =	赋值运算符	右结合	双目
15	,	逗号运算符	左结合	双目

2.3 项目解决

通过以上内容的学习,Angie 和 Daisy 掌握了基本数据类型和表达式,下面开始设计并实现简易计算器。

设计一个简易计算器,使其能够完成最基本的+ 、−、* 、/和%。

```cpp
#include <iostream>
using namespace std;
void main()
{
    int a,b,s;//定义三个变量
    cout<<"请输入任意的两个整数:";
    cin>>a>>b;//输入
    s = a + b;
    cout<<a<<" + "<<b<<" = "<<s<<endl;
    s = a − b;
    cout<<a<<" − "<<b<<" = "<<s<<endl;
    s = a * b;
    cout<<a<<" * "<<b<<" = "<<s<<endl;
    s = a/b;
    cout<<a<<"/"<<b<<" = "<<s<<endl;
    s = a % b;
```

```
    cout<<a<<"%"<<b<<"="<<s<<endl;
}
```

运行结果如图 2-8 所示。

图 2-8　项目简易计算器运行结果

看到计算器的运行，Angie 和 Daisy 很高兴，问题终于解决了，写写自己的记录与发现吧！

小记录：
　　你在程序编译过程中发现_____个错误，错误内容如下：

_____

_____

大发现：

_____

2.4　知识拓展

表达式中数据类型的转换分为两种：自动类型转换和强制类型转换。

1. 自动类型转换

在一个表达式中如果出现不同数据类型的数据进行混合运算，C++语言用特定的转换规则将两个不同类型的操作对象自动转换成同一类型的操作对象，然后再进行计算，这种隐式转换的功能也称为自动转换。不同数据类型的自动转换规则如图 2-9 所示。

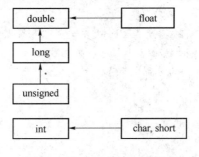

图 2-9　自动类型转换示意图

注意:float 型的常数只要参与运算,一定先转换为 double 型的常数,而 short 型的常数和 char 型的常数一定先转换为 int 型的常数,这是横向箭头表示的常数。纵向箭头表示的是类型不同时转换的方向。例如,一个长整型的数和一个双精度的数进行运算,则长整型的数先转换为双精度的数;一个长整型的数和一个单精度的数进行运算,由于单精度的数先转换为双精度的数,则长整型的数也跟着转换为双精度的数。

例 2.12 数据自动转换应用实例。

```cpp
#include <iostream>
using namespace std;
void main()
{
        int i = 5;
        char c = 'a';
        double d1 = 7.62,d2,d;
        d2 = i/3 + c;
        cout<<"d2 = "<<d2<<endl;
        d = i + c - d1 * 3 + d2;
        cout<<"d = "<<d<<endl;
}
```

运行结果如图 2-10 所示。

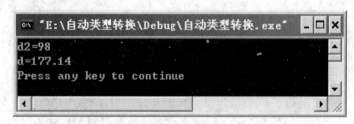

图 2-10 例 2.12 运行结果

2. 强制类型转换

C++允许将某种数据类型强制性地转换为另一种指定的类型,其转换的语法格式为

(数据类型)操作对象   或   数据类型 (操作对象)

例如:

(float)8/3 //将整数 8 强制转换为 float 型,然后再除以 3,结果为 2.666 67

(int)3.26 //将实型 3.26 转换为整型数,即 3,小数部分就丢失了

例 2.13 数据强制转换应用实例。

```cpp
#include <iostream>
using namespace std;
void main()
{
    double d = 13.32;
```

```
        int n;
        n = (int)d;
        cout<<"n = "<<n<<endl;
        cout<<"d = "<<d<<endl;
}
```

运行结果如图 2-11 所示。

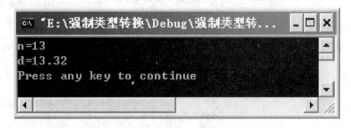

图 2-11　例 2.13 运行结果

2.5　做得更好

　　你对该项目满意吗？对该项目的计算结果满意吗？你可以对简易计算器提出改进与完善的要求，并当你有能力时实现它。

　　例如，你可以要求在屏幕上输入两个数，然后选择运算符，再计算结果。你还可以要求

_____

_____

_____

_____

2.6　你知道吗

公孙龙的"白马非马"

　　春秋时的公孙龙先生说过这样一则故事。城门上告示："马匹不得入城。"公孙龙先生骑白马而来，遭拒入。公孙龙一脸正色："告示上写的是'马'，而我骑的是'白马'，难道'马'等于'白马'吗？"守门士兵觉得白马还真不是马，于是放行。

　　公孙龙先生的理论认为：如果白马是马，黑马也是马，那么岂不白马等于黑马，所以，不

能说白马是马。"白马非马"是中国哲学史上的一桩公案。不过，若是我们从程序的角度上

说,可以认为:马在这里表示的是一种类型,而白马、黑马的类型都是马。

白马、黑马具有相同的"数据类型",但它们都是相对独立的个体,从这点来说,别说有黑白之分,就算同样是白马,这一匹和那一匹也是相对独立的个体。

在程序中,"类型"和"变量"的关系是"马"和"白马"的关系。

2.7　更多知识参考

大家论坛→开发语言→C/C++模块　http://club.topsage.com/thread-2224359-1-1.html

想一想 2

1. 指出下面各项是标识符、关键字还是常量?

ab,5,new,'j',new,true,045,goto,bm,if,"horse",0xab,"a"

2. 指出下面的标识符是否合法。

void,dem,w*e,long,fn,struct,&abc,3a,_ad,a5

3. 判断对错。

(1) 如果 a 为 false,b 为 true,则 a&&b 为 true。

(2) 如果 a 为 false,b 为 true,则 a||b 为 true。

4. 请指出下面的表达式是否合法,如合法,指出是哪一种表达式。

%h,3+4,o+i,5>=(m+n),! mp,5%k,a= =b,(d=3)>k,z&&(k*3),b%*c

做一做 2

1. 编写一个程序,输入两个 float 型数据,打印出它们的和。

2. 编写一个程序,输入路程的里数,并输入汽车行驶时间,求汽车的平均速度。

3. 编写一个程序,输入一个长方体的长、宽和高,输出其体积。

4. 输入一个整数 a,编程求出它的十位数是什么。

项目 3　模拟 ATM 机工作流程

学习目标：

通过该项目你可以知道👉：

1. 程序设计语言的控制结构种类
2. 分支语句 if 与 switch 的用法
3. 循环语句 for 与 while 的用法
4. 函数的定义与使用
5. 编译预处理的种类

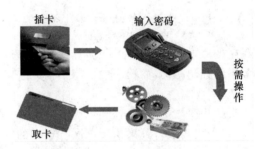

插卡　　　　输入密码

按需操作

取卡

通过该项目你能够✌：

1. 解决程序中的分支问题
2. 解决程序中的循环问题
3. 编写自定义函数来增加代码的可读性
4. 通过编译预处理优化编程环境,提高编程效率

3.1　项目情景

　　Angie 的妈妈终于同意 Angie 购买笔记本电脑,给她卡里存了 4 000 元,她兴冲冲地跑到距离最近的 ATM 机顺利地取出钱,并在网上成功地购买了早已看上的笔记本电脑。这一切 Daisy 看在眼里,不知道有多么羡慕。她暗暗下定决心,好好学习,自己挣钱买更好的笔记本电脑。

　　Angie：ATM 机真好,不然跑到银行不知道要等多长时间。

　　Daisy：是吗？（心里有些不是滋味呀）那你怎么不在 ATM 机上直接买笔记本电脑,那不是更好吗？

　　Angie：对呀。我怎么没想到呢？好像没有这个功能吧？

　　Daisy：那我们设计个程序模拟 ATM 取款机,怎么样？

　　还有什么比这个更让她们兴奋的呢？于是她们一次一次跑去 ATM 机,开始了分析……

　　ATM 机的工作流程是这样的：首先,将银行卡插入 ATM 机,插卡之前 ATM 机会提示用户插卡,插卡之后 ATM 机会提示用户输入密码,此环节可称为插卡操作。用户最多有3 次输入密码的机会,密码输入正确进入系统,3 次仍不正确系统会吞卡,操作结束,此环节可称为密码输入。进入系统之后,呈现给用户一个操作菜单即功能选择提示,提示用户可以进行的操作,如查询、取款、存款、转账、退卡等。当用户按下"查询"时,系统会自动完成余额的查询;当用户按下"取款"时,可根据用户的要求完成取款操作。用户可反复操作,此环节可称为"功能选择与操作"。操作完毕,按"退卡"退出系统,结束 ATM 机的操作。

以上流程包括四大环节,即插卡、密码输入、功能选择、退卡。为了最终实现该项目,可以分别完成以下三个任务。

任务 1,使用分支语句完成 ATM 机一次操作。

任务 2,使用循环语句完成 ATM 机反复操作。

任务 3,使用模块化程序设计,让 ATM 机的操作流程简洁、方便。

3.2 任务 1 相关知识

3.2.1 程序控制结构概述

程序的基本组成单位是语句,任何一个程序都是由若干条语句组成的。语句的执行顺序即程序的控制结构,而程序的控制结构无非以下三种。

1. 顺序结构

所有的程序均按照其语句先后顺序自上而下的执行,执行完一行语句才去执行下一行的语句,每条语句执行且只执行一次。这样的结构称为顺序结构。顺序结构是最基本的程序结构。

2. 分支结构

在程序的执行过程中,需要进行逻辑判断,若满足条件则去执行相应的语句。这样程序可以通过一个条件在多个可能的运算或处理步骤中选择一个来执行,从而使得计算机根据条件的真假能够作出不同的反应。因此分支结构提高了程序的灵活性,强化了程序的功能。

在 C++中,两种语句可以实现分支结构:if 语句和 switch 语句。

3. 循环结构

程序执行过程中,有时候对于一些语句需要连续地执行多次,这时可以使用循环结构。

循环结构可以通过两种语句来实现:for 语句和 while 语句。对于 while 语句来说,还存在多种不同的组织形式。

为了更加准确地表述程序的三种控制结构,给出三种结构对应的程序流程图如图 3-1 所示。

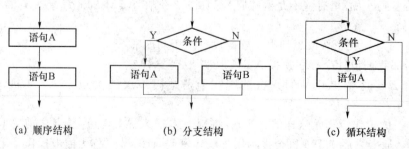

图 3-1 三种控制结构的流程图

3.2.2 if 语 句

if 语句用于实现程序的分支结构,在使用中它包括单分支、双分支、多分支等多种形式。

1. 单分支的 if 语句

单分支的 if 语句根据条件表达式的判断结果决定是否执行 if 语句对应的程序段。若条件表达式为真,则执行相应的代码;若条件表达式为假,则不执行代码,其执行过程如图 3-2 所示。

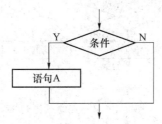

图 3-2　单分支 if 语句

单分支 if 语句的格式如下:

```
if （ 条件表达式 ）
{
    语句 A
}
```

说明:

(1) 小括号里面的内容为条件表达式,其结果只有两种情况:真和假。若表达式为真,则执行代码 A;若表达式为假,则跳出 if 去执行其后面的语句。

(2) if(表达式)后面不能加分号。

(3) 当语句 A 包含多行代码时,必须使用大括号将所有的语句括起来。

例 3.1　设计一个程序,用户从键盘上输入一个大写字母,将其转换为相应的小写字母。

分析:当计算机读入一个字符时,实际上存储的是该字符对应的 ASCII 码值。大写字母的 ASCII 码范围是 $65\sim90$,小写字母的 ASCII 码范围是 $97\sim122$。所以,一旦判定用户输入的字符是大写字母,只需为其加 32 即可转换为相应的小写字母。

程序源代码:

```
#include<iostream>
using namespace std;
void main()
{
    char x;
    cout<<"x = ";
    cin>>x;
    if(x> = 65&&x< = 90)
```

39

```
    cout<<char(x + 32)<<endl;
}
```

2. 双分支的 if 语句

双分支的 if 语句是最常用的 if 语句形式。其执行过程是：首先判断条件表达式是否成立，若条件表达式成立，则执行语句 A；若条件表达式不成立，则执行语句 B。其执行过程如图 3-3 所示。

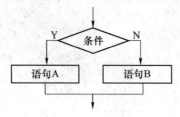

图 3-3　双分支的 if 语句

双分支 if 语句的格式如下：

```
if ( 条件表达式 )
{
    语句 A
}
else
{
    语句 B
}
```

说明：

(1) 当表达式成立时，执行语句 A 对应的代码；当表达式不成立时，执行语句 B 对应的代码。

(2) 若语句 A 或语句 B 由多条语句构成，需要使用大括号分别将其括起来。

(3) else 只能与 if 配对使用，不可以单独使用。

(4) 一个 if 只能与一个 else 配对。

例 3.2　设计一个程序，用户从键盘上输入一个字母，若输入的是大写字母则将其转换为小写字母输出，若输入的是小写字母则将其转换为大写字母输出。

分析：根据 ASCII 码的值进行判断，若用户输入的为大写字母，需要为其加上 32 转换为小写字母输出；若用户输入的为小写字母，则需要为其减去 32 转换为大写字母输出。

程序源代码：

```
# include<iostream>
using namespace std;
void main()
{
    char x;
    cout<<"x = ";
```

```
cin>>x;
if(x> = 65&&x< = 90)
    cout<<char(x + 32)<<endl;
else
    cout<<char(x - 32)<<endl;
}
```

3. 多分支的 if 语句

多分支的 if 语句可以设定多个条件,计算机先判断条件 1 是否成立,若成立则执行对应的代码段 1,执行完毕退出 if 语句;若条件 1 不成立,则去判断条件 2 是否成立,若成立则执行对应的代码段 2,若不成立则去判断条件 3 是否成立……依次类推。当所有列出的条件都不成立时,执行 else 对应的代码段,从而退出 if 语句。其执行过程如图 3-4 所示。

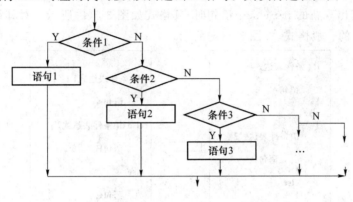

图 3-4　多分支 if 语句

多分支 if 语句的格式如下:
```
if(条件表达式 1)
{
    语句 A
}
else if(条件表达式 2)
{
    语句 B
}
else
{
    语句 C
}
```

说明:

(1) 在多分支语句中,else if 可以有多个,但是 else 最多只能有一个,即一个 if 只能与一个 else 配对。

(2) 多分支 if 根据具体情况也可以没有 else。

（3）以上多分支的实现实质上是在双分支语句的 else 部分嵌套了其他的 if 语句。
双分支的基本格式为

```
if(条件表达式)
{
    语句 A
}
else
{
    语句 B
}
```

其中的语句 A 与语句 B 部分均可出现其他的 if…else…语句,被称为 if 语句的嵌套。当 else 部分嵌套出现新的 if…else…语句时,其格式如图 3-5(a)所示。对其结构进行简化,即形成了多分支的一般格式,如图 3-5(b)所示。

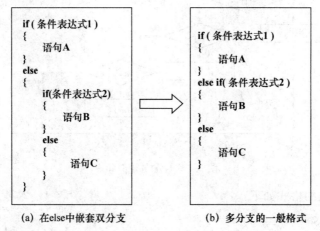

(a) 在else中嵌套双分支　　　　(b) 多分支的一般格式

图 3-5　在 else 中嵌套分支语句最终实现多分支

同理,嵌套的 if 语句也可以放在双分支语句的 if 部分,其格式如下：

```
if ( 条件表达式 1 )
{
    if(条件表达式 2)
    {
        语句 A
    }
    else
    {
        语句 B
    }
}
else
{
```

　　语句 C

　　}

　　(4) 在含有嵌套的分支语句中,往往出现多个 else 语句,每个 else 与离它最近的、尚未有 else 配对的 if 进行配对。

　　例 3.3　设计一个程序,用户从键盘上输入一个字符,若输入的是大写字母则将其转换为小写字母输出,若输入的是小写字母则将其转换为大写字母输出,若输入的是数字字符则输出该数字,若输入的为其他字符则输出"其他字符!"。

　　分析:根据 ASCII 码值进行判断,若用户输入字符范围在 65～90 之间,则将其修改为小写字母;若用户输入字符范围在 97～122 之间,则将其修改为大写字母;若用户输入范围在 48～57 之间,则直接输出该字符;若用户输入字符不在以上范围,则输出"其他字符!"。由于存在多个判断条件,所以使用多分支 if 来实现。

　　程序源代码:

```
#include<iostream>
using namespace std;
void main()
{
  char x;
  cout<<"x = ";
  cin>>x;
  if(x> = 65&&x< = 90)
    cout<<char(x + 32)<<endl;
  else if(x> = 97 && x< = 122)
    cout<<char(x - 32)<<endl;
  else if(x> = 48 && x< = 57)
    cout<<x<<endl;
  else
    cout<<"其他字符!"<<endl;
}
```

　　例 3.4　用户在键盘上输入年份和月份,计算机输出对应的月份有多少天。

　　分析:计算机的输出可以分为以下几种情况:若用户输入的是 1、3、5、7、8、10、12 月,则直接输出 31 天即可;若用户输入的是 4、6、9、11 月,则直接输出 30 天即可;若用户输入的是 2 月,则还需要去判断年份是否为闰年,闰年的 2 月有 29 天,平年的 2 月有 28 天。所以当满足用户输入的月份为 2 时,需要在相应的程序段中再写一个 if 语句,来区分最终的输出到底是 28 还是 29。

　　程序源代码:

```
#include<iostream>
using namespace std;
void main()
{
```

```
    int year,month;
    cout<<"请输入相应的年份"<<endl;
    cin>>year;
    cout<<"请输入相应的月份"<<endl;
    cin>>month;
    if(month==1||month==3||month==5||month==7||month==8||month==10|
    |month==12)
        cout<<year<<"年"<<month<<"月有 31 天!"<<endl;
    else if(month==4||month==6||month==9||month==11)
        cout<<year<<"年"<<month<<"月有 30 天!"<<endl;
    else
    {
        if(year%4==0&&year%100!=0||year%400==0)
            cout<<year<<"年"<<month<<"月有 29 天!"<<endl;
        else
            cout<<year<<"年"<<month<<"月有 28 天!"<<endl;
    }
}
```

3.2.3   switch 语句

switch 语句也称为开关语句,它是多路分支的控制语句,基本格式如下:
switch(<表达式>)
  {
case <常量表达式 1> :   程序段 1
case <常量表达式 2> :   程序段 2
  ⋮
case <常量表达式 n> :   程序段 n
default: 程序段 $n+1$;
  }

switch 语句的执行过程是:根据 switch 后面的表达式的值来判断执行哪一个分支。switch 后面的表达式其结果可以有多个值,若表达式的值等于常量表达式 1,则进入程序代码 1 开始执行;若表达式的值等于常量表达式 2,则进入程序代码 2 开始执行;依次类推,若表达式的值等于常量表达式 n,则进入代码 n;当表达式的值不等于任何一个常量表达式时,执行 default 里面的代码 $n+1$。switch 语句对应的流程图如图 3-6 所示。

说明:

(1) case 之后必须是常量,且值必须互不相同。

(2) switch 之后的表达式只能是整型、字符型或枚举类型。

(3) 多个 case 语句可以共用一组程序代码,此时每个常量表达式后面的冒号不可省略。

(4) case 的顺序是任意的。

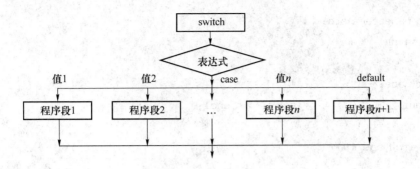

图 3-6　switch 语句流程图

(5) 当一个 case 语句对应的代码包含多行时,多行代码可以不使用大括号括起来。

(6) default 语句可以视情况而省略。

注意,当表达式的值与某一个 case 后面的常量匹配时,程序即从这个 case 开始进入代码段执行,当执行完这个 case 对应的代码段时,并不退出整个 switch 语句,而是不经判断地直接执行该 case 语句后面所有的代码。例如,若表达式的值与常量表达式 1 匹配,则程序从代码 1 开始进入 switch,依次执行代码 1,代码 2,…,代码 n 和代码 n+1,直至遇到 switch 语句的结束大括号时才退出 switch 语句。这显然不符合多分支判断的本意。要解决这一问题,需要在每个 case 对应的代码段后面加上 break 语句,break 的作用是跳出 switch 语句。这样,switch 的基本格式发生了变化:

```
switch(<表达式>)
{
case <常量表达式 1>：    程序段 1;break;
case <常量表达式 2>：    程序段 2;break;
    ⋮
case <常量表达式 n>：    程序段 n;break;
default：  程序段 n+1;
}
```

当表达式与常量表达式 1 匹配时,即进入 switch 开始执行程序段 1,执行完毕遇到 break 语句,随即退出了整个 switch,改去执行 switch 后面的语句。对于最后一个分支 default 来说,由于执行完 default 后面的代码就遇到了结束大括号,因此没有必要再写 break 语句。

例 3.5　编写程序,用户输入一个年龄,若年龄大于等于 130,则输出“神仙!”;若年龄位于 60~130 之间,则输出“老年”;若年龄在 40~60 之间,则输出“中年”;若年龄在 20~40 之间,则输出“青年”;若年龄在 10~20 之间,则输出“少年”;若年龄小于等于 10,则输出“童年”。

分析:用户的输入是一个大于 0 的正整数,根据这个正整数可以确定计算机的输出。但是 case 语句后面的常量表达式是一个值,不能是一个范围,所以如果直接将用户的输入 age 作为表达式,根据题目需要列举出 130 个常量表达式。而根据题目分析,考虑到“age/10”的范围是 0~13,所以将“age/10”作为表达式可以大大简化程序。

程序源代码:

```
#include<iostream>
```

```
using namespace std;
void main()
{
    int age;
    cout<<"请输入年龄:age = "<<endl;
    cin>>age;
    switch(age/10)
    {
        case  0:
            cout<<"童年";break;
        case  1:
            cout<<"少年"; break;
        case  2:case 3:
            cout<<"青年"; break;
        case  4:case 5:
            cout<<"中年"; break;
        case  6:case 7:case 8:case 9:case 10:case 11:case 12:
            cout<<"老年"; break;
        default:
            cout<<"神仙!";
    }
}
```

3.3 任务1实现

任务1是使用分支语句完成 ATM 机一次操作。ATM 机的工作流程为插卡、密码输入、功能选择、退卡。其中,插卡可使用输入任意键的方式完成,退卡即退出系统,使用 exit(1)方法完成。

密码验证环节中可假设银行卡密码为 666666,功能选择中可假设 ATM 机具备查余额、取款、存款等功能。模拟 ATM 机的工作流程程序可设计如下。

```
#include<iostream>
#include<vector>
using namespace std;
void main()
{
    int ps,sel;
    cout<<"\t* * * * * * * * * * * *ATM* * * * * * * * * * * * * * *"<<endl;
    cout<<"请输入密码:";
```

```
cin>>ps;
if(ps == 666666)
cout<<"\t * * * * * * * * * *欢迎使用 ATM * * * * * * * * * * *"<<endl;
else
{
    cout<<"密码输入错误!"<<endl;
    exit(1);
}
cout<<"\t\t 查询...........1"<<endl;
cout<<"\t\t 取款...........2"<<endl;
cout<<"\t\t 存款...........3"<<endl;
cout<<"\t\t 退出...........0"<<endl;
cout<<"请输入选择:";
cin>>sel;
switch(sel)
{
case 1:
    cout<<"进行查询操作"<<endl;
    break;
case 2:
    cout<<"进行取款操作"<<endl;
    break;
case 3:
    cout<<"进行存款操作"<<endl;
    break;
case 0:
    exit(1);
default:
    cout<<"不存在该选择"<<endl;
}
}
```

3.4　任务 2 相关知识

C++程序设计语言中实现循环结构的语句有三种:for 语句、while 语句、do-while 语句。

3.4.1 for 语句

for 语句是一种常用的循环控制语句,它的基本格式为

for(<表达式 1>;<表达式 2>;<表达式 3>)

{ <循环体> }

说明:

(1) 表达式 1 的作用是循环变量的初始化,即为循环变量赋一个初始值。该语句在循环之前执行,且只执行一次。

(2) 表达式 2 为循环条件表达式,控制循环的执行。当表达式 2 为真时,重复执行循环;当表达式 2 为假时,退出循环转去执行循环后面的语句。

(3) 表达式 3 的作用是修改循环变量的值。该表达式在每次执行完循环体后、下一次循环条件判断之前执行,这样与循环判断条件有关的循环变量会不断被修改,当其不满足循环判断条件时退出循环。

for 语句的流程图如图 3-7 所示。

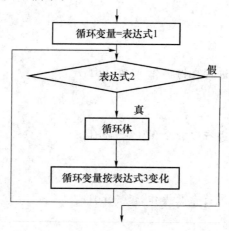

图 3-7 for 语句的流程图

概括地说,表达式 1 表示循环变量的初值,表达式 2 表示循环变量的终止条件,表达式 3 表示循环变量的改变。这三点是循环构成的三要素,任何的循环语句都要有这三个要素。若这三个要素编写不当,往往造成循环语句永远无法退出,这种情况称为"死循环"。"死循环"在语句上没有错误,因此编译时不会被系统检测出来,但是逻辑上的错误却是致命的。在编写循环时,一定要避免出现"死循环"。

例 3.6 用户输入一个自然数 n,编写程序计算前 n 个自然数的和。

分析: 计算自然数的和需要重复地进行加法运算,当类似的代码需要多次执行时,考虑用循环语句实现。循环语句需要明确循环的三要素。设置循环变量为 i,因为要计算自然数的和,所以 i 的初始值为 1,循环的执行条件为 i<=n,每次执行完加法运算后,i 的值加 1 准备进行下一次的运算。

程序源代码:

```
#include<iostream>
```

```
using namespace std;
void main()
{
    int i,n,sum = 0;
    cout<<"请输入自然数 n:"<<endl;
    cin>>n;
    for(i = 1;i< = n;i ++ )
        sum += i;
    cout<<"sum = "<<sum<<endl;
}
```

例 3.7 编写一个程序,显示 2 000～3 000 年之间的所有的闰年,每行输出 4 个。

分析:闰年的判断需要使用分支语句实现。对于 2 000～3 000 年之间的每个数值 i,调用分支语句进行判断,若是闰年则将其输出,若不是闰年则不执行任何操作即可。判断完 i 后执行 i++,准备进行下一个数值的判断。为了控制每行输出 4 个,设置一个 count 变量进行输出计数,若 count 可以被 4 整除,则输出一个换行符。

程序源代码:

```
#include<iostream>
using namespace std;
void main()
{
    int i,count = 0;
    for(i = 2000;i< = 3000;i ++ )
    {
        if (i % 4 == 0&&i % 100!= 0||i % 400 == 0)
        {
            cout<<i<<"   ";
            count ++ ;
            if(count % 4 == 0)
                cout<<endl;
        }
    }
    cout<<endl;
}
```

3.4.2 while 语句

while 循环的基本格式为
while(<循环条件表达式>)
  {<循环体>}
while 语句执行时先判断循环条件表达式的值,若值为真则执行循环体中的语句,执行完毕后再判断条件表达式是否成立;若值为假则直接退出循环。它执行过程如图 3-8 所示。

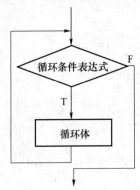

图 3-8 while 语句的执行过程

作为循环结构的一种表现形式,while 语句也需要具备循环的三要素。其中,循环变量的初始化要放在 while 语句之前,循环变量的结束条件即 while 后面的循环条件表达式,而循环变量的改变需要放在循环体内实现。如果循环体内没有改变循环变量的值,将造成死循环。

当循环体由多条语句构成时,需要使用大括号将其括起来。

例 3.8 使用 while 语句实现例 3.6。

分析:使用 while 求 n 个自然数的和时,要在进入 while 语句之前为循环变量赋初值,循环体中除了要进行加法运算外,还需要对循环变量进行改变。

程序源代码:

```cpp
#include<iostream>
using namespace std;
void main()
{
    int i,n,sum = 0;
    cout<<"请输入自然数 n:"<<endl;
    cin>>n;
    i = 1;
    while(i< = n)
    {
        sum += i;
        i ++ ;
    }
    cout<<"sum = "<<sum<<endl;
}
```

3.4.3 do-while 语句

do-while 循环的基本格式为

do

{ <循环体> }

while(<循环条件表达式>);

可见 do-while 与 while 语句不同,它先执行一遍循环体,然后再根据循环条件表达式进行条件判断:若表达式的值为真,则重复执行循环体并判断;若表达式的值为假,则退出循环。执行过程如图 3-9 所示。

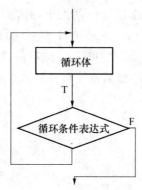

图 3-9　do-while 语句的执行过程

do-while 语句中循环三要素的位置与 while 语句一样,需要注意的是 while 后面的分号不能省略。

do-while 是一种直到型循环,即执行循环体直到条件不满足为止,所以 do-while 语句中的循环体至少会执行一遍。通过下列代码可以看出 do-while 与 while 的区别。

代码 1:

```
i = 1;
while(i> = 10)
{
    sum += i;
    i++;
}
```

代码 2:

```
i = 1;
do
{
    sum += i;
    i++;
} while(i> = 10);
```

对于代码 1 来说,由于循环变量的初始值为 1,不满足循环条件,所以循环体一遍也不执行。而对于代码 2 来说,循环体首先执行了一遍,i 的值变为了 2,然后进行条件判断发现循环条件不满足,所以退出循环。

例 3.9　制作一个猜数游戏:由系统自动生成一个 0～100 之间的随机数 m,然后用户

51

去猜这个数是多少。若用户所猜的数 n 位于当前范围之外,则进行提示;若用户所猜的数位于当前范围之内,则比较 m 与 n 的大小,并不断地根据 n 来缩小范围,直到用户猜对为止。

分析:用 min 代表生成随机数的最小范围值,用 max 代表生成随机数的最大范围值,则初始状态下 min=0,max=100。调用随机数生成函数生成一个在这个范围内的随机数 m。接下来用户要不断地去猜 m 的数值,直到猜对为止。因此需要使用循环来处理用户猜数的部分。

设用户某次猜的数为 n,则比较 n 与 m 的大小,有以下三种情况。

(1) n>m 时:缩小范围,修改 max 的值为 n,然后用户继续在 0~n 的范围内去猜。

(2) n<m 时:缩小范围,修改 min 的值为 n,然后用户继续在 n~100 的范围内去猜。

(3) n=m 时:提示用户猜对了,然后退出整个猜数过程。

程序源代码:

```cpp
#include<iostream>
#include<time.h>
using namespace std;
void main()
{
    int min = 0,max = 100;
    int m,n;
    srand((unsigned)time(0));
    m = rand()%100;
    cout<<"系统已生成随机数,随机数的范围为 0--100"<<endl;
    cout<<"请您开始猜数!"<<endl;
    do
    {
        cin>>n;
        if(n>max || n<min)
            cout<<"您猜的数不在指定范围中! 请重新输入。"<<endl;
        else
        {
            if(n>m)
            {
                max = n;
                cout<<"当前数的范围为:"<<min<<"--"<<max<<endl;
            }
            else if(n<m)
            {
                min = n;
                cout<<"当前数的范围为:"<<min<<"--"<<max<<endl;
            }
```

```
    else
    {
        cout<<"恭喜您,猜对了!"<<endl;
        break;
    }
    }
}while(true);
}
```

3.4.4　break 语句与 continue 语句

break 与 continue 称为跳转语句,作用是使程序无条件地改变执行的顺序。

break 语句称为中断语句,用于以下两种情况的中断。

(1) 用在 switch 结构中,当某个 case 子句执行完后,使用 break 语句跳出整个 switch 语句。

(2) 用在循环结构中,当程序执行到 break 语句时,会自动跳出 break 所在的循环,改去执行循环后面的语句。

例 3.10　判断正整数 n 是不是素数。

分析:根据素数的定义,若 n 不能够被 $2 \sim \sqrt{n}$ 之间的任一个数整除,则 n 为素数。一旦找到一个数可以整除 n,则 n 为非素数,因此没有必要再继续执行循环,直接退出循环执行后面的语句即可。引入标识变量 flag,标记 n 是否为素数,flag=1 为素数,flag=0 为非素数。

程序源代码:

```
#include<iostream>
#include<math.h>
using namespace std;
void main()
{
    int i,flag,n;
    cout<<"请输入要判断的数 n:";
    cin>>n;
    flag=1;
    for(i=2;i<=sqrt(n);i++)
        if(n%i==0)
        {
            flag=0;
            break;
        }
    if(flag==1)
```

```
        cout<<n<<"是素数"<<endl;
    else
        cout<<n<<"不是素数"<<endl;
}
```

continue 语句只能用在循环中。和 break 不同的是,当程序遇到 break 语句时,跳出 break 所在的整个循环,而当程序遇到 continue 时,跳过 continue 后面的语句转去进行循环控制条件的判断,以决定是否进行下一次循环,即 continue 语句结束的只是一次循环的执行。

例 3.11　求 100 以内的偶数的和。

分析:逐个取出自然数 i,判断其是不是偶数。若 i 为奇数,则结束本次循环,不进行加法运算,继而判断下一次循环条件;若 i 为偶数,则执行加法运算。

程序源代码:

```
#include<iostream>
using namespace std;
void main()
{
    int i=1,sum=0;
    for(i=1;i<=100;i++)
    {
        if (i%2!=0)
            continue;
        sum+=i;
    }
    cout<<"100 以内偶数的和为:"<<sum<<endl;
}
```

3.4.5　循环的嵌套

和分支语言一样,循环也可以嵌套使用。循环的嵌套使用可以实现更加复杂的程序。

例 3.12　输出 100 以内的所有素数。

分析:例 3.10 实现的是给定一个自然数 i,可以通过循环判断它是否为素数。对于 100 以内的每个数 i,均进行这样的判断即可。因此使用嵌套循环来实现程序,外层循环控制待判断的数 i,内层循环控制从 $2\sim\sqrt{i}$ 范围内的所有可能因子。

程序源代码:

```
#include<iostream>
#include<math.h>
using namespace std;
void main()
{
```

```
int i,j,flag = 1;
for(j = 2;j< = 100;j + + )
{
 flag = 1;
 for(i = 2;i< = sqrt(j);i + + )
  if(j % i = = 0)
{
    flag = 0;
    break;
  }
  if(flag = = 1)
    cout<<j<<"  "<<endl;
}
}
```

3.5 任务 2 实现

任务 1 中,在 ATM 机上操作时,密码输入、功能选择仅提供了一次机会,而实际场景中是可以反复操作的。密码输入最多提供 3 次机会,3 次仍没有输入正确,则系统会自动吞卡。功能选择根据需要可以反复多次,如进行多次取款、多次存款等。

使用循环结构模拟 ATM 机的工作流程程序可设计如下。

```
# include<iostream>
# include<vector>
using namespace std;
void main()
{
    int ps,sel;
    int n;
    cout<<"\t ***************** ATM ******************"<<endl;
    //使用 for 循环完成密码输入
    for(n = 1;n< = 3;n + + )
    {
    cout<<"请输入密码:";
    cin>>ps;
    if(ps = = 666666)
        break;
    else
        cout<<"密码输入错误!"<<endl;
```

```
        }
        if(n>3)
            exit(1);
cout<<"\t*********** 欢迎使用 ATM ***********"<<endl;
//使用 do-while 循环实现功能选择的反复
do
{
cout<<"\t\t 查询............1"<<endl;
cout<<"\t\t 取款............2"<<endl;
cout<<"\t\t 存款............3"<<endl;
cout<<"\t\t 退出............0"<<endl;
cout<<"请输入选择:";
cin>>sel;
switch(sel)
{
case 1:
    cout<<"进行查询操作"<<endl;
    break;
case 2:
    cout<<"进行取款操作"<<endl;
    break;
case 3:
    cout<<"进行存款操作"<<endl;
    break;
case 0:
    exit(1);
default:
    cout<<"不存在该选择"<<endl;
}
}while(1);
}
```

3.6 任务3相关知识

通过定义函数的方式将程序划分成模块,使程序简洁、美观,同时提高了代码的可重复使用率。任务1和任务2中的功能选择部分,只是提示进行相关的操作,可以为查询、取款等操作定义不同的函数来完成相应的功能。

3.6.1　函数的定义

灵活使用顺序结构、分支结构和循环结构可以实现所有的复杂程序。但越复杂的程序，其对应的代码也就越长，这大大降低了程序的可读性，很不利于程序的维护。实际生活中，当人们面临一个比较复杂的问题时，往往喜欢将其不断细化，分而治之。把比较复杂的问题划分为比较简单的若干个子问题，当每个子问题都正确解决时，原来的复杂问题也得以解决。于是，C++借鉴了这种解决问题的思路，引入了模块化程序设计的思想。

模块化程序设计是指将一个大的程序划分为若干个功能模块，每个模块实现一个小任务，各个模块相互配合最终共同完成指定的功能。

C++模块化的根本方法是将每个功能模块实现为一个函数。一个 C++程序即是函数的集合，它至少包含一个 main 函数，此外还可以包含若干子函数。main 函数作为主函数可以调用任何一个子函数，各子函数间也可以相互调用。这样，原来全部放在 main 函数里的内容根据功能被划分为了多个函数，从而使得整个程序结构清晰，可读性提高，易于软件的维护与功能扩充。

函数定义的一般格式如下：

函数类型　函数名（参数表）
{
　　函数体
}

说明：

（1）函数名是用户为函数起的名字，其命名规则与一般的变量命名规则相同。

（2）函数可以返回一个数值。当函数需要返回一个数值时，函数类型为函数返回值的类型。若函数不需要返回数值，则函数类型为空类型 void。

（3）参数表为函数的参数列表。函数可以有 0 个、1 个或多个参数。参数用于向函数传递数据或者从函数带回数据。参数列表中的每个参数都需要说明其数据类型及参数名。和变量定义不同，即使多个参数具有相同的类型，也不能够一起定义，必须每个参数单独定义，多个参数之间使用逗号隔开。

例 3.13　函数定义实例。

```
#include<iostream>
using namespace std;
void mul (int x,int y)      //定义函数求两个数的乘积,函数有两个参数
{
    int z;
    z = x * y;
    cout<<z<<endl;
}
void fact()                //定义一个函数计算 5 的阶乘,该函数没有参数
{ int i,f = 1;
  for(i = 1;i< = 5;i++)
```

```
    f * = i;
    cout<<f<<endl;
}
void fact(int n)                //定义一个函数计算 n 的阶乘,该函数有一个参数
{ int i,f = 1;
    for(i = 1;i< = n;i + + )
     f * = i;
    cout<<f<<endl;
}

void main()
{
    fact();
    fact(6);
    mul(5,6);
}
```

(4) 函数如果有返回的数值,则返回语句的格式为

return <返回值>;

return 语句后面的返回值可以省略,表示函数不带有任何返回值。一个函数内使用 return 语句最多只能返回一个数值。但 return 语句可以有多个,当程序遇到第一个 return 语句时即返回。

若函数没有返回值,也可省略 return,此时函数遇到函数的结束大括号"}"时返回。

例 3.14 函数定义实例。

```
int multiplication (int x,int y)
//定义函数求两个数的乘积,函数有两个参数,返回值为整型
{   int area;
    area = x * y;
    return area;             //使用 return 语句返回计算结果
}
void max(float a,float b)
//定义一个函数输出两个数中较大的数,该函数没有返回值
{   if(a>b)
      cout<<a;
    else
      cout<<b;
    return;                 //此时 return 可以省略
}
```

(5) 函数体需要使用大括号括起来,函数体包括程序执行语句和 return。

(6) 函数的定义不允许嵌套,即一个函数定义内不能出现另一个函数的定义。

3.6.2 函数的调用

1. 函数调用的方法

定义函数的目的是为了使用函数,使用函数通过函数调用来实现。函数调用指的是一个函数去调用另一个函数,其中,调用者称为主调函数,被调用者称为被调函数。

函数调用的格式如下:

函数名();   //无参函数的调用

函数名(实参表);//有参函数的调用

当在主调函数中调用被调函数时,程序在调用处暂时离开主调函数,转入被调函数的程序执行。执行时先使用实参表中的实际参数代替被调函数参数表中的形式参数,然后开始执行被调函数的函数体,执行完毕返回主调函数的调用处,继续执行主调函数中后面的代码。函数调用示意图如图 3-10 所示。

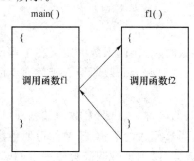

图 3-10 函数调用示意图

例 3.15 编写函数计算两个数中较大的数,并在 main()函数中通过调用该函数求出三个数中的最大数。

分析:定义一个函数,因为要计算两个数的较大值,所以该函数需要有两个参数。通过对两个参数的比较,返回较大的数即可。

```cpp
#include<iostream>
using namespace std;
int max(int x,int y)          //定义一个函数返回两个整数中的较大值
{
    if(x>y)
        return x;
    else
        return y;
}
void main()
{
    int m,n,s,maxn;
    cout<<"请输入第一个数 m 的值:m = ";
    cin>>m;
```

```
    cout<<"请输入第二个数 n 的值:n=";
    cin>>n;
    cout<<"请输入第三个数 s 的值:s=";
    cin>>s;
    maxn = max(m,n);
    maxn = max(maxn,s);
    cout<<"最大数为:maxn="<<maxn<<endl;
}
```

说明:

函数的调用形式是多样的,以例 3.15 为例,以下调用都是正确的。

```
max(m,n);                    //直接调用
maxn = max(m,n);             //将函数调用作为表达式
maxn = max(max(m,n),s)       //将函数调用作为函数参数
```

2. 函数原型

当一个函数调用另一个函数时,若被调函数的定义在主调函数之后,则需要在主调函数之前对被调函数进行说明,这个说明称为函数原型。函数原型的格式如下:

函数类型 函数名(参数表)

其中,参数表中可以不列出参数的名称,只声明参数的类型即可。

函数原型的作用是告诉编译器函数的名称,函数的返回值类型,函数参数的个数及参数的类型、顺序等。如果没有函数原型,则当被调函数位于主调函数之后时,会显示编译错误。

以例 3.15 为例,当 max()函数的定义位于 main()函数后面时,需要在 main()函数之前加上函数原型:

```
int max(int,int);
```

值得注意的是,main()函数不需要使用函数原型进行说明。

3. 函数的参数传递

函数定义中参数表里的变量是形式参数,简称形参。函数调用时括号里出现的参数是实际参数,简称实参。函数之间的数据传递通过实参与形参来实现。函数调用时,实参的名称与形参的名称可以不一致,但要保证二者的类型一致,个数相同,顺序相同。

函数调用发生时,实参与形参之间有两种参数传递方式:值传递和址传递。

函数的实参是由逗号分开的若干个表达式。当函数调用时,首先计算实参中各个表达式的值,并将计算结果依次传递给形参,这种传递方式称为值传递;若函数调用时,实际传递的参数不是变量的值,而是变量的地址,这样实际参数与形式参数即对同一地址空间操作,这种传递方式称为址传递。地址传递的内容放在后面详细讲解,这里只介绍值传递。

例 3.16 函数值传递应用实例。

```
#include<iostream>
using namespace std;
void swap(int,int);      //函数原型说明
void main()
{
```

```
    int a,b;
    cin>>a>>b;
    cout<<"函数调用之前 a = "<<a<<"b = "<<b<<endl;
    swap(a,b);
    cout<<"函数调用之后 a = "<<a<<"b = "<<b<<endl;
}
void swap(int x,int y)　//定义 swap 函数交换变量的值
{　int t;
if (x<y)
{ t = x;x = y;y = t; }
cout<<"子函数中的变量 x = "<<x<<"y = "<<y;
}
```

> 值传递,将a的值传递给swap函
> 数的第一个参数x,b的值传递给
> swap函数的第二个参数y

输入:3
　　　4
运行结果:
函数调用之前 a＝3,b＝4;
子函数中的变量 x＝4,y＝3;
函数调用之后 a＝3,b＝4;

例 3.17　用户在键盘上输入三个数,编写程序返回三个数的最大值。

分析:求两个数的最大值比较容易,故编写程序求出两个数的最大值 max,然后再次调用函数求 max 与第三个数的最大值即可。

```
#include<iostream>
using namespace std;
int max(int,int);
void main()
{
    int x,y,z,temp;
    cout<<"请输入三个数值:";
    cin>>x>>y>>z;
    temp = max(x,y);
    cout<<"最大值为:"<<max(temp,z);
}
int max(int x,int y)
{
    if(x>y)
      return x;
    return y;
}
```

61

例 3.18 编写程序验证任意偶数为两个素数之和。

分析:编写一个子函数验证数 x 是不是素数,若是则返回 true,若不是则返回 false。在该子函数中,一旦找到了 x 的一个因子,直接使用 return 返回 false 即可,无须再使用 break 语句退出循环。在 main()函数中,对于用户的任意输入 n,首先判断 n 是否为偶数,如果是则逐个取出 2～n/2 的范围内的数 i,判断 i 与 n−i 是否同为素数。当二者都是素数时,输出这两个素数即可。

程序源代码:

```cpp
#include<iostream>
#include<math.h>
using namespace std;
boolsushu(int);
void main()
{
    int n,i;
    cout<<"请输入一个偶数:n=";
    cin>>n;
    if(n%2==0)
      for(i=1;i<=n/2;i++)
      {
          if( sushu(i) && sushu (n-i))
             cout<<"n 为"<<i<<"与"<<n-i<<"的和"<<endl;
      }
    else
      cout<<"您输入的不是偶数!";
}
bool sushu(int n)
{
    int i,flag=1;
    for(i=2;i<sqrt(n);i++)
    {
        if(n%i==0)
        {   flag=0;
            return false; }
    }
    if(flag==1)
      return true;
}
```

3.6.3　函数的嵌套调用

函数的调用可以嵌套,即当一个函数调用另一个函数时,被调用的函数又可以调用其他的函数。其调用关系如图 3-11 所示。

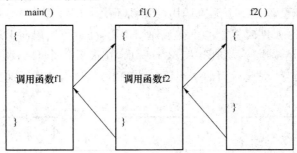

图 3-11　函数的嵌套调用

例 3.19　编写程序计算 1!＋2!＋3!＋…＋n!。

分析:首先编写子函数 factorial()计算 n!,然后编写子函数 calculate()计算各个阶乘的和,最后在 main()函数中接收用户输入的 n,并调用 calculate()计算即可。

程序源代码:

```cpp
#include<iostream>
using namespace std;
int factorial(int);
int calculate(int);
void main()
{   int n;
    cout<<"请输入 n 的值:n=";
    cin>>n;
    cout<<calculate(n);    // 主函数中调用 calculate 计算结果
}
int factorial(int n)
{   int i,t=1;
    for(i=1;i<=n;i++)
     t*=i;
    return t;
}
int calculate(int n)
{
    int i,sum=0;
    for(i=1;i<=n;i++)
     sum+=factorial(i);    // calculate 中调用 factorial 求每个数的阶乘
    return sum;
}
```

3.6.4 函数的递归调用

函数的递归调用指的是一个函数直接或间接地调用其本身。

当一个函数递归地调用自己时,该程序内必须有一个终点,因为如果没有终点,一旦开始了对自身的调用就会陷入一个无限调用的死循环中,如图 3-12(a)所示。若函数内存在一个终点,即当满足某个条件时就会停止往下递归调用,随后再层层向上地返回每一级的调用处,从而保证程序的继续执行。如图 3-12(b)所示,在最后一个 f1() 函数中,满足了终点条件直接返回上一层程序,因此后面的调用语句执行不到,从而结束了递归的过程。

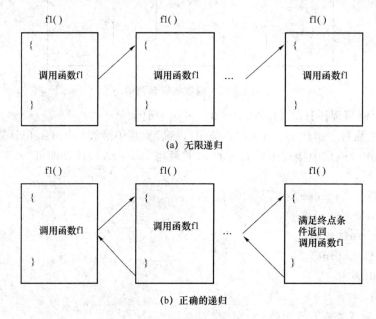

(a) 无限递归

(b) 正确的递归

图 3-12 函数的递归

例 3.20 使用递归计算数的阶乘。

分析:可以将 n! 看成 n*(n−1)!,因此要计算 n! 必须先求出(n−1)!,而(n−1)! =(n−1)*(n−2)!,因此要先求出(n−2)!,依次类推,最后计算 2! =2*1!,而 1! =1,所以当递归到 1 时,程序终止自身的调用,直接返回 1。使用返回的 1 可以计算出 2!,使用 2! 可以计算出 3!,这样层层往回推,最终可以计算出 n!。

程序源代码:

```cpp
#include<iostream>
using namespace std;
int fact(int);
void main()
{
    int n;
    cout<<"n=";
    cin>>n;
```

```
    cout<<"n = "<<n<<"n! = "<<fact(n);
}
int fact(int n)
{
    if(n>1)
        return(n * fact(n - 1));
    else
        return (1);
}
```

递归实现的程序其时间复杂度和空间复杂度往往都很高,因此尽量避免使用递归。但是有一些问题,只有通过递归的方式才能够解决,如汉诺塔问题等。

例 3.21　猴子吃桃问题:猴子第一天摘了很多桃子,当即吃了一半,随后又多吃了一个,以后每天都这样,到了第 10 天准备吃时发现只剩下一个桃子。问共有多少个桃子?

分析:根据题意,设原来有 n 个桃,则第 1 天剩余的桃子为 $x=n/2-1$,则 $n=(x+1)\times 2$,只要知道第一天剩余的个数 x,即可求出 n 的值。同理,只要知道第 2 天剩余的桃子数 y,即可知道第 1 天总共的桃子数 x……依次类推,知道第 10 天剩余的桃子数就可以求出第 9 天的桃子数。所以使用递归来实现程序,用 i 表示天数,则程序的结束条件为 $i=10$ 时,返回 1。

程序源代码:

```
# include<iostream>
using namespace std;
int peach(int);
void main()
{
    int i = 1;
    cout<<"原来的桃子数为:"<<peach(0);
}
int peach(int i)
{   if (i> = 10)
        return 1;
    else
        n = 2 * (peach(i + 1) + 1)
}
```

3.6.5　内联函数

使用函数可以增加代码的可读性和易维护性,但是函数调用之前,需要使用栈空间来保护现场,记录当前指令的地址,以便在调用之后继续执行。在函数调用结束后,系统还要根据先前的记录恢复现场,再接着执行下面的语句。保护现场、恢复现场均增加了系统的时间和空间开销。因此,如果一个函数被经常地调用,就会大大降低程序的执行效率。

为了解决这一问题,C++允许将一些小的但经常被调用的函数嵌入到主调函数中,这样的函数称为内联函数。当编译器遇到调用内联函数的代码时,系统不是将流程转出去,而是直接将内联函数的代码"插入"到调用的位置。

内联函数的定义格式为

inline 函数类型 函数名(形参表)

值得注意的是,内联函数虽然不发生函数的调用,但是也相应地增加了目标代码量,所以内联函数应该尽量简洁,只包含几个语句,且不允许出现循环和 switch 语句。内联函数也不能递归调用。

例 3.22 编写内联函数计算三个数中的最大值。

分析:编写函数计算两个数中的最大值 max1,然后再次调用函数求 max1 和第三个数中的最大值即可。

程序源代码:

```cpp
#include<iostream>
using namespace std;
inline int max(int x,int y);
void main()
{
    int a,b,c,result;
    cout<<"请输入三个数:";
    cin>>a>>b>>c;
    result = max(a,b);
    cout<<"最大数为:"<<max(result,c)<<endl;
}
inline int max(int x,int y)
{    return  (x>=y)? x:y;
}
```

3.6.6 局部变量与全局变量

变量起作用的区域称为变量的作用域。按照作用域划分,变量可以分为局部变量与全局变量。

1. 局部变量

在一个函数内定义的变量为局部变量,它只在该函数的范围内起作用,该函数外的任意函数都不能使用这个变量。

例 3.23 分析以下程序中变量的作用域。

```cpp
int f1(int a)
{   a = 3 + a;
    return a;
}
    int f2()
```

```
{   int a = 2,b;
    b = f1(a) * a          //b = 5 * 2;
    return b;
}
void main()
{ int a,m = 1;
    { int m = 2;};          //复合语句内的 m 屏蔽了复合语句外的 m
a = m + f1(m) + f2();     //复合语句外 m 仍为 1,a = 1 + 4 + 10
cout<<"a = "<<a;
}
```

运行结果：

a＝15

小结： f1 中的变量 a 只在 f1 的范围内起作用。虽然 f2() 与 main() 中都有变量 a,但它们只是同名而已,相互之间并没有关系。同理,f2() 中的变量 a、b 均只在 f2() 的范围内有效,main() 函数中声明的变量 a 与 m 也只在 main() 的范围内有效。main 函数中声明了两次变量 m,一次在 main 函数体中声明,一次在复合语句中声明。遇到这种情况,复合语句的作用范围内声明的变量会自动屏蔽复合语句外声明的变量,所以第一次声明的 m 作用范围是除去复合语句外的 main() 函数,第二次声明的 m 作用范围是复合语句。

2. 全局变量

在函数体外声明的变量称为全局变量,全局变量的作用域为：从定义变量的位置开始到文件结束。因此,出现在全局变量定义后面的所有函数都可以使用该全局变量,但是当全局变量与某一函数内的局部变量重名时,则在局部变量的作用范围内,全局变量被屏蔽。

例 3.24　分析下列程序中全局变量的作用域。

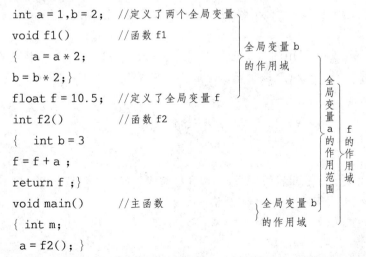

```
int a = 1,b = 2;   //定义了两个全局变量
void f1()          //函数 f1
{   a = a * 2;
b = b * 2;}
float f = 10.5;    //定义了全局变量 f
int f2()           //函数 f2
{   int b = 3
f = f + a ;
return f ;}
void main()        //主函数
{ int m;
 a = f2(); }
```

小结： 变量 a 和 f 的作用范围都是从定义位置开始到文件结束为止。虽然变量 b 也是全局变量,但是由于与 f2() 函数中的局部变量重名,所以在函数 f2() 内部全局变量 b 不起作用,b 的作用范围被 f2() 分为了两部分,分别是从变量定义开始到 f2() 定义处结束,以及

从 f2()结束时开始到文件结束。

由于全局变量在程序的全部执行过程中占用存储单元,且全局变量的使用降低了程序的通用性和可靠性,所以在编写程序的时候,应该尽量少地使用全局变量。

3.6.7 变量的存储类别

变量定义的完整格式为

[存储类型]数据类型 变量名;

其中,存储类型包含 4 种:auto、static、register 与 extern。

1. auto 型变量(自动变量)

局部变量定义时使用 auto 说明符或者不使用任何说明符,则系统认为所定义的变量具有自动类型。系统对自动变量动态分配存储空间,数据存储在动态的存储区中。

2. register 型变量(寄存器变量)

寄存器变量也是自动变量,它和 auto 变量的区别在于:auto 变量存储在动态存储区中,而 register 说明的变量建议编译程序将变量的值保留在 CPU 的寄存器中。

3. static 型变量(静态变量)

静态局部变量的作用域仍然是它所在的函数内部,但是它并不随着函数的执行完毕而关闭。也就是说,静态局部变量在静态存储区占据永久性的存储单元,函数退出后下次再进入该函数,静态局部变量仍使用原来的存储单元。静态全局变量也具有全局作用域,在静态存储区分配空间,它与全局变量的区别在于如果程序包含多个文件的话,它作用于定义它的文件里,不能作用到其他文件里。这样,即使两个不同的源文件都定义了相同名字的静态全局变量,它们也是不同的变量。

4. extern 型变量(外部变量)

全局变量一般存储在静态存储区,当全局变量遇到以下两种情况时,需要使用 extern型变量进行说明:

(1)在同一个文件中,全局变量的定义在后、引用在前时,需要在引用之前用 extern 对该变量作外部变量的说明。

(2)若多个文件的程序中都要引用同一个全局变量,则应该在任意一个文件中定义外部变量,而在非定义的文件中用 extern 对该变量作外部变量的说明。

3.7 任务 3 实现

Angie 与 Daisy 认真完成了以上知识的学习,并顺利地完成了任务 1 和任务 2。接下来对使用 ATM 机的整个流程进行细致分析,得出结论。

使用 ATM 机的流程包含以下几个部分。

(1)用户插卡即显示待机界面,提示用户插入磁卡。

(2)密码验证即用户插入磁卡后,提示用户输入密码并进行密码的验证。若用户输入密码正确,则显示服务信息;反之,则提示用户重复输入。当用户的输入超过 3 次时,提示吞卡。

68

（3）功能选择提示即显示服务的信息。

（4）选择功能即用户按照显示的服务信息进行选择，从而完成不同的操作。

（5）查余额即用户可以完成查询余额操作。

（6）取款即用户可以完成取款操作。

（7）快速取款即用户可以完成快速取款操作。

（8）退卡即用户可以退出服务界面。

为了提高程序的可维护性，使用模块化方法完成模拟 ATM 机工作流程的程序设计。针对以上 8 个部分对应地写出 8 个函数，在 main() 函数中按工作过程顺序调用不同的函数即可。由于若干个函数都要访问用户的账户余额信息，所以将账户余额设置为全局变量，放在程序文件的最前面。

1. 待机函数 welcome( )

当没有用户使用 ATM 机时，ATM 机显示待机界面。待机界面的功能是提醒用户插入磁卡。本模拟系统中，用户按下任意键来模拟磁卡的插入，即只要接收到键盘上输入的一个字符，就表示插入了磁卡。使用 cin.get() 函数可以读入键盘上的输入字符。待机函数没有返回值。

待机函数对应的代码如下：

```
void welcome()
{ / * 以下为插卡部分 * /
    cout<<"--------------ATM 自动取款系统--------------\n";
    cout<<"\n 请插入您的磁卡(按任意键完成)\n";
    cin.get();
}
```

2. 验证密码函数 pass( )

用户输入密码的次数要小于等于 3 次。由于要多次进行密码的验证，因此需要使用循环结构实现。循环变量 n 即为用户输入的次数。当用户第一次输入密码，即 n 等于 1 时，界面上应显示的信息是"请输入密码（最多可输入 3 次）"，而当用户第 2 次和第 3 次输入时，表示用户前面输入的密码不正确，所以界面上应显示的信息为"密码错误请重新输入！"。每次显示完提示信息后，都要接收用户输入的密码并进行密码的匹配。若密码匹配成功，则退出循环即可。循环退出后，可以根据用户的输入次数 n 来判断执行什么样的操作。若 n>3，则提示吞卡信息，并结束整个程序。

验证密码函数对应的代码如下：

```
void pass()
{
int n,password;
for(n=1;n<=3;n++)              //最多可以输入 3 次
{
/ * 此处使用 if-else 根据密码输入次数来确定要执行的操作
    if(n==1)  cout<<"请输入密码(最多可输入 3 次):";
    else   cout<<"密码错误请重新输入:";
    cin>>password;
```

```
        if(password == 123456)   break;// 假设密码为 123456,一旦匹配成功则退出循环
    }
    if(n>3)   /* 此处练习简单 if 语句的使用 */
    {
    cout<<"哈哈磁卡被吃,不是你的卡吧,与银行管理员联系吧! \n";
    exit(1);                              // 结束程序
    }
}
```

3. 显示服务信息函数 service( )

当密码匹配成功后,表示用户已经通过身份验证,此时需要显示服务信息。信息的显示使用 cout,即向屏幕输出若干信息即可。信息的内容参考一般的 ATM 机服务界面,在此将其进行简化,只保留查询余额、取款、快速取款和退出这四个功能。显示完毕,需要用户根据服务信息进行选择。用户在键盘上输入相应的数字,service()函数返回用户的输入,以便根据输入执行下一步的操作。

显示服务信息函数对应的代码如下:

```
int service()
{
int select;
cout<<"\n*************** 欢迎进入银行自动取款系统 ******************** \n";
cout<<"            ************* 请选择您的服务! *********** \n";
cout<<"                        查询余额--1\n";
cout<<"                        取    款--2\n";
cout<<"                        快速取款--3\n";
cout<<"                        取    卡--0\n";
cout<<"-------------------------------------------------------------------------------\n";
cout<<"请输入选择:";
cin>>select;
return select;
}
```

4. 查询余额函数 selectmoney( )

根据前面的分析,为了方便多个函数访问账户余额信息,将账户余额 total 定义为全局变量。在本函数中直接返回该全局变量的值即可。

查询余额函数对应的代码如下:

```
void selectmoney(int a)//查询余额
{
    cout<<"\n\n 您账户上的余额为"<<a<<"元\n\n";

}
```

该函数也可以不指定参数,写成以下的形式:

```
void selectmoney()//查询余额
```

```
{
    cout<<"\n\n 您账户上的余额为"<<total<<"元\n\n";
}
```

当 selectmoney()函数没有参数时,对应的函数调用中也要把参数去掉。以上两种函数的区别是:前者在函数调用时访问全局变量 total 的值,并将该值赋给形式参数 a,函数体中显示的是 a 的数值;后者直接在函数体中访问并显示 total 的值。

5. 取款函数 getmoney( )

用户取款时,需要首先提示用户输入取款的金额。系统接收到用户的输入后,要将该输入与用户账户余额进行比较,只有当账户余额大于用户提款金额时,才能够正确执行提款操作,即修改账户余额信息,提示用户取走现金,同时询问用户是否需要打印凭证。若用户的余额不足,则进行相关提示。

取款函数对应的代码如下:

```
void getmoney()//取款
{
    int number;
    int flag;
    cout<<"请输入取款金额:";
    cin>>number;
    if(total> = number)
    {
    total = total-number;
    cout<<"请取走您的现金"<<number<<"元\n";
    cout<<"是否需要打印凭证(1/0)?";
    cin>>flag;
    if(flag == 1)
    cout<<"您于什么日期什么时间取款多少\n";
    }
    else
    {
        cout<<"您的余额不足!";
    }
}
```

6. 快速取款函数 quickgetmoney( )

快速取款函数的思想和取款函数类似,不同的是取款函数中,取的金额由用户在键盘上输入,而在快速取款函数中,该金额以选项的形式体现。执行该函数时,首先需要显示不同输入对应的金额,然后用户在键盘上输入选项值,该值有 4 种有效输入,分别是"1"、"2"、"3"、"4",根据不同的选项为要取的金额 number 赋值,所以适合使用 switch 语句来实现。

快速取款函数的代码如下:

```
void quickgetmoney()//快速取款
{
    int select,number;
    char flag;
    cout<<"\t\t------请选择取款金额\n";
    cout<<"\t\t100(1)\t\t200(2)\n\t\t500(3)\t\t1000(4)\n";
    cin>>select;
    switch(select)
    {
        case 1:number = 100;break;
        case 2:number = 200;break;
        case 3:number = 500;break;
        case 4:number = 1000;break;
    }
    if(total> = number)
    {
        cout<<"请取走您的现金"<<number<<"元\n";
        total = total-number;
        cout<<"是否需要打印凭证(Y/N)?";
        cin<<flag;
        if(toupper(flag) == 'Y')
        cout<<"您于什么日期什么时间取款多少\n";
    }
    else
        cout<<"您的余额不足!";
}
```

该函数中输出打印凭证判断部分的代码与取款函数不同。取款函数通过一个变量 flag 来实现该判断,当 flag=1 时输出提款信息。而快速取款函数中将 flag 设置为字符型的变量。可以使用 cin.get(flag)来从键盘上获取一个字符并赋给 flag。由于字符有大小写之分,调用 toupper()函数将其转换为大写字母后才进行判断。toupper(char a)函数的作用是将字符 a 转换为大写字母。

7. 退出函数 exitatm( )

退出函数的作用是提示用户取走磁卡,并结束程序。

退出函数的代码如下:

```
void exitatm()
{
    cout<<"请取走您的磁卡,谢谢,欢迎下次光迎! \n";
exit(1);
}
```

备注:此函数中使用 exit()函数,需要包含头文件 vector.h。

8. 选择服务函数 selectservice( )

service()函数提供了一个用户的选择值,系统要根据这个选择值去执行不同的操作。由于选择值存在多种取值,不同取值对应不同的函数调用,因此这是一个多路选择问题,适合使用 switch 语句来实现。switch 语句的判断表达式即 service 语句的返回值。根据 service 函数的显示信息可知,该返回值有 4 种有效的取值,分别是"1"、"2"、"3"、"0"。

选择服务函数对应的代码如下:

```
void selectservice( int select )
{
switch(select)
{
case 1:selectmoney(total);break;      //查询余额函数
case 2:getmoney();break;              //取款函数
case 3:quickgetmoney();break;         //快速取款函数
case 0:exitatm();                     //退出系统函数
default:cout<<"非法操作!"<<endl;
}
}
```

9. 主函数

main()中要做的是顺次地去调用各个函数。用户通过密码验证后,要执行的操作可能不止一次,因此需要将服务信息显示函数和用户选择服务函数放在一个循环中。由于用户选择服务的次数不确定,因此该循环是一个无限循环,循环的条件永远成立。只有当用户选择了退出服务后,才能够关闭整个程序。

主函数的代码如下:

```
double total = 1000;
void main()
{
  int select;            //  用户输入的服务
  welcome();             //  显示欢迎信息
  pass();                //  进行密码验证
do
{
  select = service();    //  记录用户选择的服务
  selectservice(select); //  执行相应的服务
}while(1);               //  循环条件为 1,即永远成立
}
```

经过几天的努力学习,项目终于完成了,Angie 和 Daisy 看着自己的劳动成果感觉无比开心。更重要的是,通过这个项目的操作,他们还学习到了很多其他的知识……

小记录:

在解决该项目的过程中遇到了_____个问题,是如何解决的?

_____

_____

_____

_____

_____

大发现:

_____

_____

3.8 知识拓展

在 C++源程序中加入一些"预处理命令",可以改进程序设计环境,提高编程效率。预处理命令不是 C++语言本身的组成部分,不能直接对它们进行编译,它们是在程序被正常编译之前执行的,故称为预处理命令。为了和普通语句区别,预处理命令以"♯"开头,并且末尾不包含分号。

C++中预处理命令包括 3 种:宏定义、文件包含、条件编译。

3.8.1 宏定义

宏定义分为两种:一种是不带参数的宏定义,另一种是带参数的宏定义。

不带参数的宏定义用于将指定的标识符代替字符序列。其中,指定的标识符是宏名,字符序列为宏体。其一般格式为

♯define 标识符 字符序列

例 3.25 不带参数的宏定义实例。

```
♯include<iostream>
♯define PI 3.14
void main()
{
    float r,area;
    cout<<"请输入半径 r:r=";
    cin>>r;
    area = PI * r * r;
    cout<<"圆的面积为"<<area<<endl;
}
```

说明:当文件遇到 PI 时,即以 3.14 代替,但是这个过程不做语法的检查。

当宏定义带参数时,其定义格式如下:

♯define 标识符(带参数)　字符序列

例 3.26　带参数的宏定义实例。

```
♯include<iostream>
♯define PI 3. 14
♯define AREA(x)  PI * x * x
void main()
{
  float r;
  cout<<"请输入半径 r:r = ";
  cin>>r;
  cout<<"圆的面积为 area = "<<AREA(r);
}
```

小结:与带参数的宏定义一样,当程序遇到 AREA 时,即以 PI * x * x 代替,从而完成运算。

值得注意的是,当宏定义有参数时,严格地执行替换工作,所以有可能改变运算的优先级。例如,在例 3.26 中,若将求面积部分改为 AREA(r+r),则执行的运算是 PI * r+r * r+r,而不是 PI * (r+r) * (r+r)。所以,为了避免发生这种情况,最好将宏定义修改为♯define AREA(x) PI * (x) * (x)。

使用♯undef 可以结束宏的作用域。

3.8.2　文件包含

文件包含是指在一个源程序文件中将另一个源程序包含进来。C++通过♯include 来实现文件包含的操作。被包含的文件分为两种:一种是以. cpp 为扩展名的源文件,另一种是以. h 为扩展名的头文件。

文件包含的一般格式为

♯include"文件名"

或

♯include <文件名>

一个 include 语句只能包含一个文件。对于系统提供的头文件,一般使用第二种格式,对于用户自己编写的文件,一般使用第一种格式。

文件包含的作用是将指定的文件包含到当前文件中,当预编译时,用被包含文件的内容取代该预编译命令,再对包含后的文件作一个源文件编译。这样有效地减少了程序设计人员的重复劳动,提高了程序的开发效率。

例 3.27　文件包含实例。

```
/ * compute.h * /
♯define max(x,y) (x>y)? x:y
♯define min(x,y) (x<y)? x:y
```

```
#include<iostream>
using  namespace std;
#include˝compute.h˝
void main()
{
    int x,y,z;
    cout<<˝请输入 x,y,z:˝<<endl;
    cin>>x>>y>>z;
    cout<<˝最大值为:˝<<max(max(x,y),z)<<endl;
    cout<<˝最小值为:˝<<min(min(x,y),z)<<endl;
}
```

运行结果:

请输入 x,y,z:5 3 9

最大值为 9

最小值为 3

小结:

(1) computer.h 为头文件,在 main()函数中,将该头文件的内容包含进来,即使用 computer.h 的具体内容代替了 #include "computer.h",当使用头文件中的函数时,直接使用即可。

(2) iostream 是一个系统提供的头文件,它包括输入输出对象 cin 和 cout 的说明。

当使用<>包含文件时,系统直接到系统指定的目录中查找要包含的文件,如果找不到,编译器报错;当使用""包含文件时,系统按照文件路径查找要包含的文件,若""中未给出绝对路径,则默认在用户当前目录中寻找。

3.8.3 条件编译

正常情况下源程序中的每一行都要进行编译。有时候希望程序中的一部分内容只有在满足一定条件的时候才进行编译,如果不满足条件,就不编译这部分内容,这就需要使用条件编译。

条件编译包括两种:一种是宏名作为编译条件,另一种是表达式作为编译条件。

当宏名为编译条件时,其格式为

#ifdef 标识符

程序段 1

[#else

程序段 2]

#endif

或

#ifndef 标识符

程序段 1

[#else

程序段 2]

#endif

前者的功能是：当指定的标识符已经被＃define 命令定义过时，则在程序编译阶段只编译程序段 1，否则编译程序段 2。后者的功能是：当所指定的标识符没有被＃define 命令定义过时，则在程序编译阶段只编译程序段 1，否则编译程序段 2。以上两种格式中，else 部分可以省略。

例 3.28　条件编译实例。

```
#include <iostream>
using  namespace std;
#define PI 3.14
#define ERROR
void main()
{
    int r = 3;
        #ifndef ERROR
            cout<<"r = "<<r;
        #else
            cout<<PI * r * r<<endl;
        #endif
}
```

说明：由于 ERROR 被＃define 定义过，所以编译时执行＃else 对应的代码，即计算圆形的面积。

条件编译中的编译条件也可以是表达式，格式如下：

```
#if 表达式
    程序段 1
#else
    程序段 2
#endif
```

其功能是：当指定的表达式值为真时编译程序段 1，否则编译程序段 2。

3.9　做得更好

Angie 与 Daisy 掌握了程序控制结构、函数等知识，并利用这些知识最终实现了模拟的 ATM 系统，她们感觉自己学得不错，并进一步建立了学习 C++的信心。但是他们并没有就此满足，又开始相互琢磨，发挥想象，进一步完善这个 ATM 系统。几经讨论，两人决定从以下几个方面来进行完善。

（1）ATM 系统中将账户余额设置成了全局变量，事实上，为了优化软件的结构，提高程序的可靠性，软件工程提倡尽量少地使用全局变量。按照这一思想，如果去掉账户余额这个全局变量，你还能实现整个系统吗？

（2）银行中的 ATM 机是不会关闭的，所以可以改进模拟 ATM 系统，当用户选择退出或输入密码超过 3 次时，不是关闭整个程序，而是显示待机界面。

(3) 可以为模拟 ATM 系统增加一项"修改密码"服务。

聪明的读者,请你也帮助 Angie 与 Daisy 想一想,看看还可以从什么地方完善 ATM 系统? 例如 _____

3.10　你知道吗

1. ATM 机的由来

1969 年,汉华银行的一个广告拉开了这场革命的序幕:"我行将在 9 月 2 日早晨 9 点开门后永不关门!"汉华银行在纽约长岛北村街 10 号的洛克维尔中心设有一家分行。从那天起,凡持该行带磁条塑料卡的客户再也不用排队等候银行出纳员为他们兑现支票。银行在大街的一面墙上安装了一台机器,客户可以通过它随时取款。

如今,ATM 机不仅出现在超级购物中心和飞机场,还出现在快餐店和小酒馆里。美国大峡谷的南缘有一台,北极圈里也有好几台。

每年 ATM 机完成的交易接近 110 亿次,据 Tremont 资本集团统计,1985 年通过 ATM 机提取的资金为 1 650 亿美元,现在已经上升到每年约 6 700 亿美元。

2. break 语句与 continue 语句

break 语句与 continue 语句在程序设计中为用户提供了很大的便利,能够有效地降低程序的时间复杂度。但是你知道吗,他们也在一定程度上破坏了程序的结构性。软件工程学认为,"程序应该只有一个入口和一个出口",这样的程序才是一个好的结构化程序。而 break 与 continue 均属于 GOTO 语句的范畴,为程序增加了多余的出口。

早在 1965 年的一次学术会议上,E. W. Dijkstra 便提出"可以从高级语言中取消 GOTO 语句"、"程序的质量与程序中所包含的 GOTO 语句的数量成反比"。1966 年,Bohm 和 Jacopini 又证明了只用循序、分支和循环 3 种结构就能够实现任何单入口单出口的程序。1968 年,Dijkstra 进一步在其短文"GOTO Statement considered harmful"中提出:"GOTO 语句太原始,是构成程序混乱的祸根,应该从所有的高级语言中消失。"这一观点立刻得到了许多人的支持。但是,也有一部分人认为 GOTO 语句简单明白,在有些情况下,确实需要 GOTO 语句来提高效率。自此,关于 GOTO 语句的争论拉开了序幕,一直到 1974 年以后才逐渐平息下来。1974 年,D. E. Knuth 给 GOTO 语句的争论作了全面公正的评述,已得到了普遍认同。关于 GOTO 语句的争论实际上是关于要好的结构还是要高的效率的问题。

其基本观点是:对 GOTO 语句在功能上仍然保留,但严格限制其使用范围(特别是对往回跳的 GOTO 语句);在硬件技术迅速发展和机器成本大幅度下降的今天,除了系统核心程序部分以及一些特殊要求的程序以外,在一般情况下,宁可降低一些效率,也要保证程序有一个好的结构。

3.11　更多知识参考

1. 豆丁　http://www.docin.com/p-53982792.html

2. 百度文库 http://wenku.baidu.com/view/709bd74c2b160b4e767fcfc3.html
3. 百度文库 http://wenku.baidu.com/view/c37ce14733687e21af45a936.html

想一想 3

1. 程序控制结构有几种？分别是什么？
2. 有哪些语句是和控制程序的结构有关的？请分别指出其功能、基本语法结构。
3. 为什么在程序设计中引入函数？
4. 函数定义的基本结构是什么？
5. 什么是内联函数？声明内联函数的方法是什么？
6. 变量的存储类型有哪些？其含义分别是什么？

做一做 3

1. 某公司的职员的工资为底薪＋提成，底薪每月固定不变为 1 000 元，提成根据当月业绩的利润而定，提成的计算公式如下：
- 1 000＜利润＜＝2 000　　提成 10％；
- 2 000＜利润＜＝4 000　　提成 12％；
- 4 000＜利润＜＝6 000　　提成 15％；
- 6 000＜利润＜＝8 000　　提成 20％；
- 利润＞8 000　　　　　　提成 25％。

请编写一个程序，输入职工完成的利润，计算并输出该职工当月的工资收入。要求，分别使用 if 语句和 switch 语句实现。

2. 编写程序，输出如下图案。

```
      *
    * * *
  * * * * *
* * * * * * *
  * * * * *
    * * *
      *
```

3. 编写程序，判断一个数是不是"水仙花数"。"水仙花数"指的是其各位数字的立方和等于该数本身。例如，$153 = 1^3 + 5^3 + 3^3$。

4. 编写函数输出乘法表，乘法表的输出类似于九九乘法表，要求用户输入数 n，在屏幕上输出从 $1 * 1 = 1$ 到 $n * n = n^2$ 之间的列表。例如，输入 n＝4，则输出以下列表：

$1 * 1 = 1$
$2 * 1 = 2$　$2 * 2 = 4$
$3 * 1 = 3$　$3 * 2 = 6$　$3 * 3 = 9$
$4 * 1 = 4$　$4 * 2 = 8$　$4 * 3 = 12$　$4 * 4 = 16$

5. 编写程序，用户提供 4 个输入数，通过函数的定义和调用给出这 4 个数的最大公约数。

项目4 学生通讯录管理系统

学习目标：

通过该项目你可以知道  ：

1. 结构体和共用体的用法
2. 基本输入输出流和文件流的常用方法
3. 数组的定义与使用

通过该项目你能够 ✌ ：

1. 自己定义不同类型的结构体和共用体
2. 使用文件保存数据
3. 使用数组解决实际问题

4.1　项目情景

一天 Angie 找老师请假，在老师的办公室发现老师在为找不到某个同学的电话号码而愁眉苦脸，没敢请假就直接回来了。郁闷之际，忽然来了灵感。为老师设计个"学生通讯录管理系统"吧，她迫不及待地找到 Daisy 说了自己的想法，有着共同爱好的她们怎么能被阻挡？

于是她们开始分析……

（1）通讯录里面放的是学生。

我们需要学生是一种自己能够定义的类型。

（2）学生有很多。

我们需要有一个东西能够存放很多学生，而不是一个学生。

（3）学生有姓名、手机等信息。

我们需要学生类型能够按照自己的需要添加信息。

（4）存的学生数据要长期保存。

我们需要将通讯录的数据保存到文件中，不是像以前那样在屏幕上显示而没有保存。

（5）通讯录要有的基本功能是记录的添加、删除与查询。

使用前面的模块化方法，定义不同的函数完成不同的功能。

Angie：你不觉得咱们设计的程序越来越实用，也越来越强大了吗？

Daisy：是呀！要是再有一个人，我们的进度也许会快些！

不久，她们成立一个开发团队，有着相同爱好的 Eva 积极地参加到团队中。她们为团队起了个充满梦与追求的名字——Blue Team。

4.2　相关知识

4.2.1　结构体

　　一条学生通讯录记录可能包括学生的姓名、性别、联系电话等信息。很明显,这些数据信息的类型是不同的,应该使用不同类型的变量来描述这些数据,如姓名是字符串,性别是布尔型等。但是,如果单独使用不同的变量来定义这些属性,则难以体现出它们之间的内在联系,因此,需要把这几个数据存储在一起,作为一个整体来进行处理。C++提供了这样一种数据类型,即结构体,它相当于数据库中的"记录"。

　　如果使用结构体这种数据类型,就能很轻易地把这些类型和含义都不同的数据信息组织在一起,否则,程序需要定义多个不同数据类型的变量来分别存储通讯录的信息,这将为管理程序增加了难度。试想一下,如果不使用结构体,则在定义一条通讯录的相关信息时,我们需要定义 4 个变量表示一个通讯录记录,如果我们的通讯录需要存储 100 个学生的相关信息,则要定义 100×4 个变量。很明显,如果不使用结构体,将为管理和维护程序增加极大的难度。

1. 结构体定义

结构体类型的定义格式如下:

```
struct 结构体类型名
{
    数据类型    成员名 1;    //结构体成员 1
    数据类型    成员名 2;    //结构体成员 2
    ⋮
    数据类型    成员名 n;    //结构体成员 n
};
```

说明:

　　(1) 在声明结构体时,首先指定 struct 关键字和结构体类型名,然后使用一对大括号将若干个结构体成员的数据类型描述括起来,最后用分号结束。

　　(2) 必须在声明一种结构体的任何变量之前声明这种结构,否则,就会出现编译错误。

　　例如,下面定义描述一个学生通讯录信息的结构体类型,包括学生姓名、年龄、性别等信息。

```
struct Student
{
    string Name;
    int Age;
    char Sex;
    string Tel;
};    //分号不能省略
```

小结：

(1) 结构体类型是用户自行构造的。

(2) 结构体由若干不同或相同基本数据类型的数据构成。

(3) 结构体属于 C++语言的一种数据类型,与整型、实型相当。因此,定义它时不分配空间,只有用它定义变量时才分配空间。

2. 定义结构体变量

C++语言中定义结构体类型变量的一般语法格式如下：

```
struct 结构体名
{
    成员表列表;
};
struct 结构体名 变量名;
```

例如,利用前面定义的学生结构体 Student 定义学生结构体变量如下：

```
Student student1;           //定义一个结构体变量 student1
Student student2,student3; //定义两个结构体变量
```

除了以上常用的定义格式,下面将介绍另外两种供读者参考使用。

(1) 在定义类型的同时定义变量

定义的一般形式如下：

```
struct 结构体名
{
    成员表列;
}变量名;
```

(2) 直接定义结构类型变量

定义的一般形式如下：

```
struct                 //没有结构体名
{
    成员表列
}变量名;
```

3. 结构体类型变量的使用

定义了结构体变量后,就可以使用这个变量。结构体变量是不同数据类型的若干数据的集合体。在程序中使用结构体变量时,一般情况下不能把它作为一个整体参加数据处理,而参加各种运算和操作的是结构体变量的各个成员。

结构体变量的成员用以下一般形式表示：

```
结构体变量名.成员名
```

在定义了结构体变量后,就可以对结构体变量的每个成员赋值。

例如,为前面定义的结构体变量 student1 赋值：

```
student1. Name = "孙奇振";
student1. Age = 16 ;
student1. Sex = ′F′;
```

4. 结构体变量的初始化

与其他类型变量一样,也可以给结构体的每个成员赋初值,称为结构体变量的初始化。

有两种初始化形式。

（1）在定义结构体变量时进行初始化。例如：

　　结构体名　变量名 =｛初始数据表｝；

（2）在定义结构体类型时进行结构体变量的初始化。例如：

　struct　　结构体名

　｛

　　　　　成员表列；

　｝变量名 =｛初始数据表｝；

例如，定义学生结构体变量并进行初始化：

Student student1 =｛″李晓″,18,′F′｝；

例 4.1　结构体变量的使用。

```cpp
#include <iostream>
#include <string>
using namespace std;
struct Student
{
    string Name;
    int Age;
    char Sex;
    string Tel;
};
void main()
{
    Student Stu1;
    Stu1. Name = "张三";
    Stu1. Age = 17;
    Stu1. Sex = 'f';
    Stu1. Tel = "13800000000";
    cout<<"姓名:"<<Stu1. Name<<endl;
    cout<<"年龄:"<<Stu1. Age<<endl;
    cout<<"性别:"<<Stu1. Sex<<endl;
    cout<<"电话:"<<Stu1. Tel<<endl;
}
```

运行结果如图 4-1 所示。

图 4-1　例 4.1 运行结果

83

4.2.2 一维数组

在程序设计中,有时候要用到很多的数据,而数据总是存放在变量中的,那么就需要很多的变量。然而,变量多了就变得难以管理了。对于很多数据,如果数据类型相同,且彼此间存在一定的顺序关系,为了便于处理,引入了数组类型。

数组是一组有序数据的集合,数组中的每一个元素都属于同一个数据类型。用一个统一的数组名和下标来唯一地确定数组中的元素。数组中的元素在内存中的存放顺序是连续的。数组名代表数组元素在内存中的起始地址,即第一个元素的地址。

数组可以分为一维数组、二维数组和字符数组,下面介绍一维数组的基本内容。

1. 一维数组的定义

一维数组的定义格式如下:

> 类型标识符　　数组名[元素个数];

说明:

(1) 类型标识符,可以是基本数据类型,也可以是用户自定义的数据类型。

(2) 其中,元素个数为一个整型常量表达式,它表示数组元素的个数即数组的长度。

例如,下面给出了常用数组的定义:

char name[20];　　//定义一个字符型的数组

int num[3];　　　　//定义一个整型的数组

float x[3],y[4];　//同时定义了两个浮点型数组

其中,第 2 行表示定义一个一维整型数组,数组名为 num,数组共有 3 个元素,它们是 a[0]、a[1]、a[2]。一定要切记,数组元素的下标是从 0 开始的,对于此处声明的数组没有 a[3]这个元素。它们在内存中的存放顺序如图 4-2 所示。

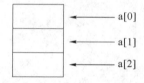

图 4-2　数组元素存放顺序图

2. 一维数组的访问

使用数组时,只能分别对数组的各个元素进行操作。数组要先定义后使用,数组元素的访问格式如下:

> 数组名[下标]

例如:

int num[3];

num[0] = 100;　//将整数 100 存入数组 num 的第 1 个内存单元中

例 4.2　数组的定义与使用。

#include<iostream>

using namespace std;

void main()

```
{
    int a[5];
    int i;
    for(i=0;i<5;i++)
        a[i]=i; //为数组元素赋值
    for(i=4;i>=0;i--)
        cout<<"a["<<i<<"]="<<a[i]<<endl;  //遍历输出数组元素
}
```

运行结果如图 4-3 所示。

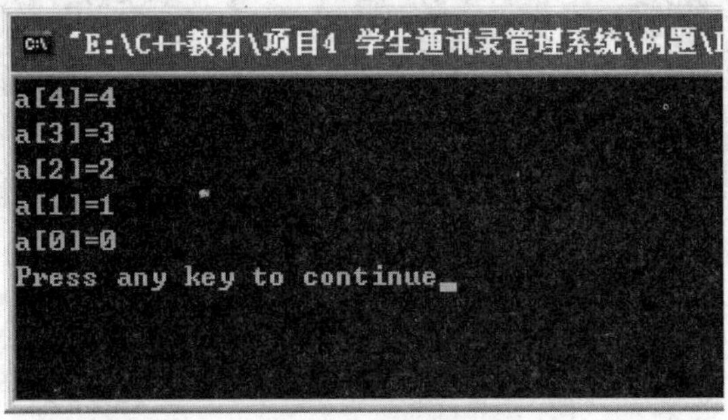

图 4-3　例 4.2 运行结果

3. 一维数组的初始化

数组可以在声明时进行初始化。数组初始化时数组元素初始化值放在"{"、"}"号中,各值之间用","号隔开。如果"{"、"}"号中初始值的个数比所声明的数组元素少,则不够的部分系统自动补 0。声明数组时"["、"]"号中可以不写元素的个数,编译器会自动根据初始化表中元素的个数确定数组的长度。例如:

int a[3]={0,1,2};//a[0]=0,a[1]=1,a[2]=2
int a[5]={1,2,3};//a[0]=1,a[1]=2,a[2]=3,a[3]=0,a[4]=0
int a[ ]={1,2,3};//a[0]=1,a[1]=2,a[2]=3

下面举例说明一维数组的简单应用。

例 4.3　求 5 个学生的 C++课程的总分和平均分。

```
#include<iostream>
using namespace std;
void main( )
{
    int i;
    float score[5]; //定义数组 score
    float s=0.0,avg;
    cout<<"请输入 5 个学生的 C++成绩:"<<endl;
    for(i=0;i<5;i++)
    {
```

```
        cin>>score[i];
        s += score[i];
    }
    avg = s/5;
    cout<<"总分是:"<<s<<endl;
    cout<<"平均分是:"<<avg<<endl;
}
```

运行结果如图 4-4 所示。

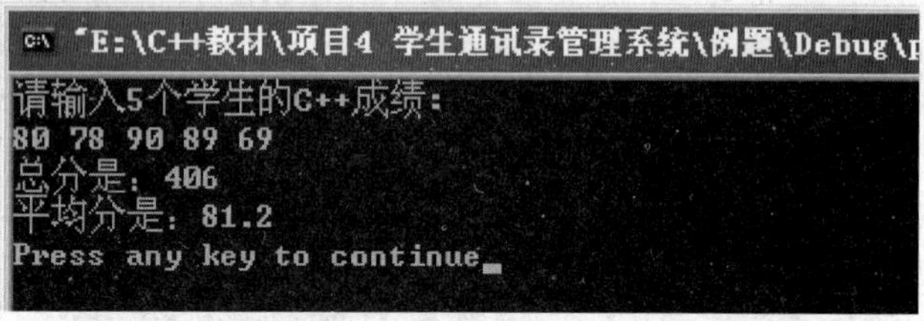

图 4-4 例 4.3 运行结果

试一试:

不用数组解决这个问题。比较一下,哪个更好?

4. 结构体数组

结构体是一种用户自定义的数据类型,因此与其他基本数据类型相同的是,也可以定义结构体类型的数组。要定义结构体数组,必须先声明一个结构体,然后再定义这个结构体类型的数组。例如:

```
struct Student
{
    char Name[20];
    int Age;
    char Sex;
    char Tel[13];
};
```

//定义一个 Student 结构类型的数组 st,该数组包含 100 个元素

```
struct  Student st[100];
```

结构体数组中,每个元素都是结构体变量,对于结构体数组的初始化和访问与以前的结构体及数组的方法类似。

要想访问结构体数组中第 i 个元素的成员,可以使用下面的形式:

```
st[i].member
```

其中,st[i]表示数组 st 的第 i 个元素,member 表示结构体中的某个成员,例如:

```
st[0].Age = 18;
st[0].Sex = 'F';
```

4.2.3　输入输出流

在 C++语言中,输入/输出操作由 I/O 类库提供。流是一个从源端到目标端的抽象概念,负责在数据的生产者和数据的消费者之间建立联系,并管理数据的流动。C++的流是指由若干字节组成的字节序列中的数据顺序从一个对象传递到另一个对象。从源端输入字节称为"提取",而输出字节到目标端称为"插入"。

1. 标准输入输出流

在 C++中,输入输出流被定义为类,I/O 库中的类称为流类,编译系统提供了用于输入输出的 iostream 类库。标准流为用户常用的外部设备提供与内存之间的通信通道,对数据进行解释和传输,提供必要数据缓冲。流类中的常用类的继承层次关系如图 4-5 所示。

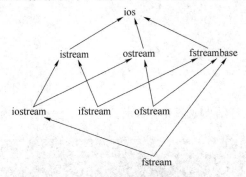

图 4-5　常用流类继承层次关系

在 C++语言的 I/O 流类库中定义了 4 个标准流对象:cin、cout、cerr 和 clog。

（1）cin

① istream 类的对象,它从标准输入设备(键盘)获取数据。

② 程序中的变量通过流提取符">>"从流中提取数据。

③ 流提取符从流中提取数据时通常跳过输入流中的空格、tab 键、换行符等空白字符。

（2）cout

① cout 是 console output 的缩写,意为"在控制台(终端显示器)的输出"。

② 程序中的变量通过流提取符"<<"从流中提取数据。

③ cout 流在内存中对应开辟了一个缓冲区,用来存放流中的数据。

（3）cerr

cerr 是无缓冲标准错误输出流,cerr 是 console error 的缩写,意为"在控制台(显示器)显示出错信息"。

cerr 与 cout 的区别如下:

① cerr 不能重定向,只能输出到显示器;

② cerr 不能被缓冲,直接输出到显示器。

（4）clog

clog 是缓冲标准错误输出流,是 console log 的缩写,意为"在控制台(显示器)显示日志信息"。

clog 与 cerr 区别在于:clog 能被缓冲,缓冲区满时输出。cerr 是不经过缓冲区,直接向显示器上输出有关信息,而 clog 中的信息存放在缓冲区中,缓冲区满后或遇 endl 时向显示器输出。

例 4.4 求两个数的除法,如果除数为 0,提示出错。

```
#include <iostream>
using namespace std;
int main()
{    int x,y;
    cout<<"please input x,y:";
    cin>>x>>y;
    if (y==0)
        cerr<<"除数为零,出错!"<<endl;
        //将出错信息插入 cerr,屏幕输出
    else
        cout<<x/y<<endl;
}
```

当 x=12,y=3 时,运行结果如图 4-6 所示。

```
ca "E:\C++教材\项目4 学生通讯录管理系统\例题\Debug\p4_4.exe"
please input x,y:12 3
4
Press any key to continue_
```

图 4-6　例 4.4 运行结果(1)

当 x=12,y=0 时,运行结果如图 4-7 所示。

```
ca "E:\C++教材\项目4 学生通讯录管理系统\例题\Debug\p4_4.exe"
please input x,y:12 0
除数为零,出错!
Press any key to continue_
```

图 4-7　例 4.4 运行结果(2)

2. 文件流

在 C++语言中,文件被看成字符序列,即文件是由一个个字符数据顺序组成的,是一个字符流。要对文件进行 I/O,必须首先创建一个流,然后将这个流与文件相关联,即可在打开文件后对文件进行读/写操作。操作完成后,再关闭这个文件。

文件流是 I/O 中非常重要的一个内容,它的输入是指从磁盘文件流向内存,它的输出是指从内存流向磁盘。

fstream.h 头文件包括三个流类:输入文件流类 ifstream、输出文件流类 ofstream 和输入/输出文件流类 fstream。其功能如表 4-1 所示。

表 4-1 文件流类

流类名	功　　能	流类名	功　　能
ifstream	用于文件的输入	fstream	用于文件的输入与输出
ofstream	用于文件的输出		

1. 文件的打开

C++语言中,定义了成员函数 open()用于打开文件。open( )函数是上述三个流类的成员函数,其原型定义在 fstream. h 中。打开文件应先定义一个流类的对象,然后使用 open( )函数打开文件。open( )函数原型为

void open(const unsigned char ∗ ,int mode, int access = filebuf::openprot);

open( )函数第一个参数用来传递文件名,第二个参数指定文件的打开方式,这些参数是定义在抽象类中,如表 4-2 所示。

表 4-2 文件打开模式

方　　式	含　　义
ios::in	打开一个文件进行读操作
ios::out	打开一个文件进行写操作
ios::app	使输出追加到文件尾部
ios::ate	文件打开时,文件指针位于文件尾
ios::trunc	如果文件存在,则清除该文件的内容,文件长度压缩为 0
ios::binary	以二进制方式打开文件,默认方式是文本字节流

打开文件有两种方法:

(1) 首先建立流对象,然后调用 open()函数连接外部文件。

　　流类　对象名;

　　对象名.open (文件名,打开方式);

(2) 调用流类带参数的构造函数,建立流对象的同时连接外部文件。

　　流类　对象名 (文件名,打开方式);

例 4.5　打开 D 盘下的文件 txl. txt。

(1) 打开一个已有文件 txl. txt,准备读:

　　ifstream infile ;　// 建立输入文件流对象

　　infile.open (˝ d:\\txl.txt˝ , ios::in) ;　//连接文件,指定打开方式

(2) 打开(创建)一个文件 txl. txt,准备写:

　　ofstream outfile ;　// 建立输出文件流对象

　　outfile.open(˝d:\\ txl.txt˝ , ios::out) ;// 连接文件,指定打开方式

(3) 打开一个文件 txl. txt,进行读写操作:

　　fstream rwfile;

　　rwfile.open (˝ d:\\ txl.txt ˝ , ios::in | ios::out) ;

小结:

(1) 打开一个输入文件流,必须说明类型为 ifstream 的对象。

(2) 打开一个输出文件流,必须说明类型为 ofstream 的对象。

(3) 要建立输入和输出的文件流,必须说明类型为 fstream 的对象。

(4) 可以用或运算符"|"连接两个表示打开方式的标识常量。

2. 文件的关闭

函数 close( )的作用是关闭一个文件与输入/输出文件流的联系。使用完一个文件后, 应该把它关闭。close( )函数是流类中的成员函数,它不带参数,没有返回值。

调用 close( )函数的格式如下:

    流对象名. close( );

例如,关闭例 4.5 中(1)的文件:

    infile.close( );   // 关闭与流 in 相连接的文件

说明:close( )函数一次只能关闭一个文件,文件使用完后应及时关闭。

3. ofstream

ofstream 类用于执行文件的输出操作,使用时的一般过程如下。

(1) 打开文件:创建 ofstream 流类的对象,建立流对象与指定文件的关联。

(2) 从文件读入:用 ofstream 的"<<"以及其他的输入函数读文件中的数据。

(3) 关闭文件:用 ofstream 的成员函数 close 关闭流对象,取消流对象与文件的关联。

例 4.6   向 D 盘文件 my1. txt 保存数据。

```
#include <fstream>
using namespace std;
void main()
{
    ofstream   ost;              // 创建输出流对象
    ost.open("D:\\my1. txt");  // 建立文件关联,缺省为文本模式
    ost<<12<<endl;               // 向流插入数据
    ost<<30<<endl;
    ost.close();                 //关闭文件
}
```

运行结果如图 4-8 所示。

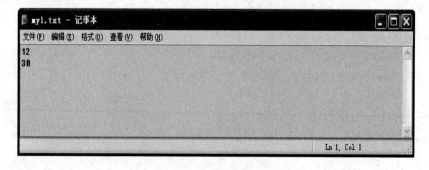

图 4-8   my1. txt 文件中的内容

小结：

(1) 对于文本文件，可以使用运算符"<<"进行读操作。

(2) 对于打开的文件，可以使用输入/输出流的成员函数进行读写操作，这些函数有 get( )、put( )、read( )和 write( )函数等。

4. ifstream

ifstream 类用于执行文件的输入操作，使用时的一般过程如下。

(1) 打开文件：创建 ifstream 流类的对象，建立流对象与指定文件的关联。

(2) 从文件读入：用 ifstream 的">>"以及其他的输入函数读文件中的数据。

(3) 关闭文件：用 ifstream 的成员函数 close 关闭流对象，取消流对象与文件的关联。

在进行输入操作前要判断文件是否正确打开，代码如下：

```
if(! in_file)      //或 if(in_file.fail())
{
    …              //处理打开失败
}
```

例 4.7　将例 4.6 存入 D 盘文件 my1. txt 中的数据读取并显示出来。

```
#include <iostream>
#include <fstream>
using namespace std;
void main ( )
{
    ifstream  ist(˝d:\\my1. txt˝) ;       // 创建输入流对象并建立关联
    if(! ist)                             //或 if(ist.fail())
    {
        cerr<<˝打开文件失败! \n˝;          //处理打开失败
    }
    int  x,y ;
    ist >> x >> y ;                       // 从流提取数据
    cout << ˝x˝ << ˝\t˝ << ˝y˝ << endl ;

    cout << x << ˝\t˝ <<y << endl ; // 向显示器输出数据
    ist.close();
}
```

运行结果如图 4-9 所示。

图 4-9　例 4.7 运行结果

5. fstream

如果想要同时执行文件的读写操作,则需要创建 ifstream 类和 ofstream 类的实例,然后分别使用它们进行文件的输入和输出操作。这样使用会很麻烦,C++ 提供了 fstream 类。

fstream 类用于对某个文件同时执行读写操作,使用时的一般过程如下。

(1) 打开文件:创建 fstream 流类的对象,建立流对象与指定文件的关联。

(2) 从文件读入:用 fstream 的"<<"和">>"以及其他的输入输出函数读文件中的数据。

(3) 关闭文件:用 fstream 的成员函数 close 关闭流对象,取消流对象与文件的关联。

例 4.8　定义一个学生结构体,将结构体数组的信息输出到文件,再从文件中读取数据作为输入输入到结构体数组。

```
#include<iostream>
#include<fstream>
using namespace std;
#define N 2
struct Student
{
    char name[20];
    int   age;
};
void main()
{
    fstream f;
    Student st1[N];
    Student st2[N];
    cout<<"请输入"<<N<<"个人的姓名和年龄:"<<endl;
    //通过键盘输入
    for(int i=0;i<2;i++)
        cin>>st1[i].name>>st1[i].age;
    f.open("D:\\1. txt",ios::out|ios::app);
    //将数组 st1 中数据输出到文件
    for(i=0;i<2;i++)
        f<<st1[i].name<<"\t"<<st1[i].age<<endl;
    f.close();

    f.open("D:\\1. txt",ios::in);
    //将文件中的数据作为输入,输入到数组 st2
    i=0;
    while(! f.eof())
    {
```

```
        f>>st2[i].name>>st2[i].age;
        i++;
    }
    f.close();
}
```

运行结果如下。

第一次运行时，如图 4-10 所示。

图 4-10　例 4.8 运行结果(1)

在 D 盘下，会发现多了一个 1. txt 文件，打开后如图 4-11 所示。

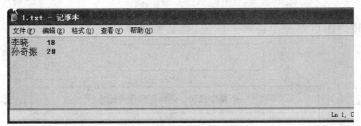

图 4-11　1. txt 文件中的内容

第二次运行，如图 4-12 所示。

图 4-12　例 4.8 运行结果(2)

在 D 盘下，1. txt 文件里的内容发生了变化，如图 4-13 所示。

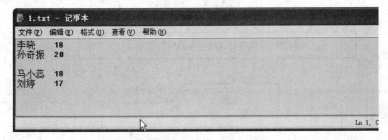

图 4-13　例 4.8 运行结果(3)

4.3 项目解决

根据前面的分析,该项目——通讯录管理系统主要应具备以下功能:输入学生信息、输出学生信息、查询学生信息、添加学生信息、删除学生信息以及关闭学生通讯录等。其功能模块图如图 4-14 所示。

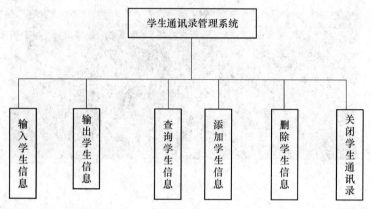

图 4-14 功能模块图

根据功能模块图可以做出系统程序流程图,如图 4-15 所示。

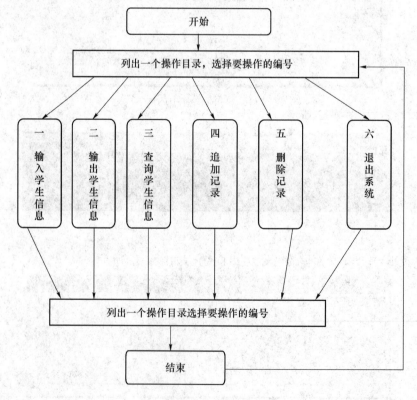

图 4-15 系统程序流程图

（1）定义学生类型及存放通讯录的学生数组。

根据前面所学的结构体的知识，定义一个学生结构体类型和部分项目所需要的全局变量。

```
//定义学生类型
struct Student
{
    char Name[20];
    int Age;
    char Sex;
    char Tel[13];
};
//定义学生数组
struct   Student st[100];   //最多可以存 100 个学生
int Num = 0;                //保存现有系统中实际存在的人数
fstream ftxl;              //公共的文件
int fNum = 0;              //保存文件中已经存在的记录数
```

（2）定义输入函数，完成最初学生记录的输入。

① 函数原型：InStu()。

② 功能：该函数用来录入学生信息，Name 是姓名，Age 是年龄，Sex 是性别，Tel 是手机号。

③ 流程图：如图 4-16 所示。

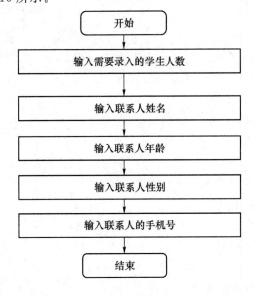

图 4-16　录入函数的流程图

④ 参考代码如下。

```
void InStu()
{
```

```
        int n,i,be;
        be = Num;
        cout<<"n = ";
        cin>>n;
        for(i = be;i<be + n;i + + )//循环
        {
                cout<<"请输入第"<<i + 1<<"个学生的信息"<<endl;
                cout<<"姓名:";
                cin>>st[i].Name;
                cout<<"年龄:";
                cin>>st[i].Age;
                cout<<"性别:";
                cin>>st[i].Sex;
                cout<<"手机:";
                cin>>st[i].Tel;
                Num + + ;
        }
}
```

(3) 定义输出函数,完成通讯录所有学生信息的输出。

① 原型:void　OutStu()。

② 功能:该函数用来输出通讯录中所有学生的信息。

```
void OutStu()
{
cout<<"以下是通讯录中所有学生信息"<<endl;
cout<<"姓名"<<"\t"<<"年龄"<<"\t"<<"性别"<<"\t"<<"手机"<<endl;
for(int i = 0;i<Num;i + + )
cout<<st[i].Name<<"\t"<<st[i].Age<<"\t"<<st[i].Sex<<"\t"<<st
[i].Tel<<endl;
}
```

(4) 定义查询函数,完成指定姓名的学生信息查询。

① 原型:void SelStu()。

② 功能:该函数用来查找指定姓名学生的基本信息。

③ 流程图:如图 4-17 所示。

④ 参考代码如下。

```
//SelStu()完成通讯录按姓名查找
void SelStu()//按姓名查询
{
    char    tmpName[20];//要查询的姓名
    cout<<"请输入要查询的姓名:";
```

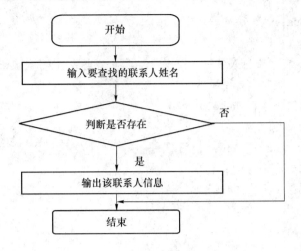

图 4-17　信息查询函数的程序流程图

```
cin>>tmpName;
for(int i = 0;i<Num;i++)
        if(strcmp(st[i].Name,tmpName) == 0)
        {
    cout<<st[i].Name<<"\t"<<st[i].Age<<st[i].Sex<<"\t"<<st[i].Tel
<<endl;
        break;
        }
    if(i == Num)
            cout<<"没有要查询的学生!"<<endl;
}
```

注:该函数中使用了字符串比较函数 strcmp(),需包含 string 头文件。

(5)定义添加新的成员函数,完成添加新成员的功能。

① 函数原型:AppStu()。

② 功能:该函数用来录入联系人信息,Name 是姓名,Age 是年龄,Sex 是性别,Tel 是手机号。

③ 流程图:如图 4-18 所示。

④ 参考代码如下。

```
//AppStu()完成在通讯录中添加新的成员
void AppStu()
{
    int n,i;
    cout<<"n = ";
    cin>>n;
    int end = Num + n;
```

```
for(i = Num;i<end;i++)//循环
{
    cout<<"请输入第"<<i+1<<"个学生的信息"<<endl;
    cout<<"姓名:";
    cin>>st[i].Name;
    cout<<"年龄:";
    cin>>st[i].Age;
    cout<<"性别:";
    cin>>st[i].Sex;
    cout<<"手机:";
    cin>>st[i].Tel;
    Num++;
}
}
```

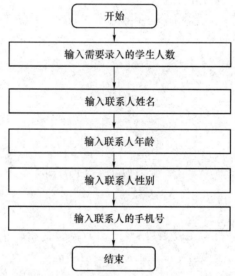

图 4-18   联系人录入函数的流程图

(6) 定义删除函数,完成指定成员的删除。

① 原型:DelStu()。

② 功能:该函数用来删除某联系人信息。

③ 流程图:如图 4-19 所示。

④ 参考代码如下。

```
//DelStu()完成指定成员的删除
void DelStu()
{
    char tmpName[20];//要查询的姓名
    int index;
```

```
cout<<"请输入要查询的姓名:";
cin>>tmpName;
for(int i = 0;i<Num;i++)
      if(strcmp(st[i].Name,tmpName) == 0)
      {
      index = i;
      break;
      }
  if(i == Num)
            cout<<"没有要删除的学生!"<<endl;
  else
  {
  for(i = index;i<Num-1;i++)
      st[i] = st[i+1];
  cout<<"删除成功!"<<endl;
  Num = Num-1;
  }
}
```

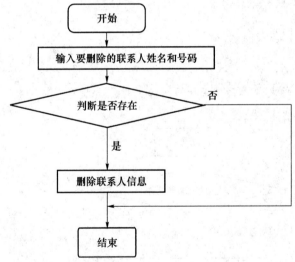

图 4-19 删除联系人函数的程序流程图

(7) 定义读取文件函数,完成文件中的数据输入到数组。

① 原型:void finput()。

② 功能:该函数用来完成文件中读取数据到数组。

③ 流程图:如图 4-20 所示。

④ 参考代码如下。

```
//finput()完成文件中读取数据到数组
void finput()
```

```
{
    int i = 0;
    ftxl.open("d:\\txl.txt",ios::in);
    //以输入方式打开文件
    if(ftxl.fail())//文件打开失败:返回 0
    {
        cout<<"输入文件打开失败!"<<endl;
        exit(0);
    }
    while(! ftxl.eof())
    {

        ftxl>>st[i].Name;
        ftxl>>st[i].Age;
        ftxl>>st[i].Sex;
        ftxl>>st[i].Tel;
        fNum++;
        i++;
    }
    Num = fNum - 1;
    ftxl.close();
    ftxl.clear();
    //在关闭文件之前调用 clear()清除文件流的状态
}
```

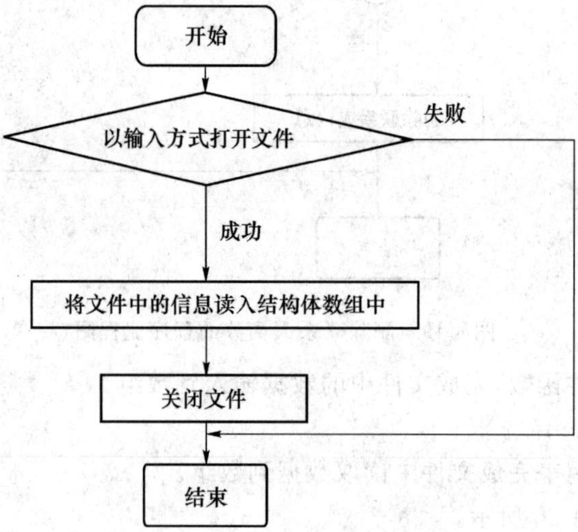

图 4-20　文件中读取数据到数组

备注:如果打算重用已存在的流对象,那么必须在每次使用完文件时记得使用 close()

关闭文件,并且使用 clear()清空文件流。

(8) 定义数据保存函数,完成将数组中的数据保存到文件。

① 原型:void foutput()。

② 功能:该函数用来完成将数组中的数据保存到文件。

③ 流程图:如图 4-21 所示。

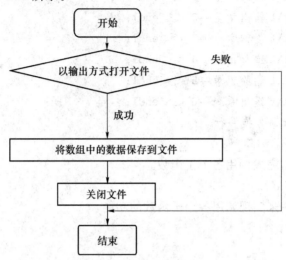

图 4-21　数组中的数据保存到文件

④ 参考代码如下。

```cpp
//foutput()完成将数组中的数据保存到文件
void foutput()
{
    Ftxl.open("d:\txl.txt",ios::out);
    if(ftxl.fail())
        cout<<"输出文件打开失败!"<<endl;
    for(int i = 0;i<Num;i++)
    {
    ftxl<<st[i].Name<<"\t"<<st[i].Age<<"\t"<<st[i].Sex<<"\t"<<st[i].Tel<<endl;
        cout<<st[i].Name<<"\t"<<st[i].Age<<"\t"<<st[i].Sex<<"\t"<<st[i].Tel<<endl;
    }
    ftxl.close();
    ftxl.clear();
}
```

(9) 定义功能选择菜单,提示用户可以进行的操作。

① 原型:void Menu()。

② 功能:该函数用来显示用户可以尽心的操作。

③ 参考代码如下。

```
void Menu()
{
    cout<<endl<<endl;//换两行
    cout<<" ********** 欢迎使用通讯录管理系统 **********"<<endl;
    cout<<"\t\t 输入学生---1"<<endl;
    cout<<"\t\t 输出学生---2"<<endl;
    cout<<"\t\t 查询学生---3"<<endl;
    cout<<"\t\t 追加记录---4"<<endl;
    cout<<"\t\t 删除记录---5"<<endl;
    cout<<"\t\t 退出系统---0"<<endl;
    cout<<endl;//换一行
}
```

(10) 定义主函数,完成调用各个子函数。

① 原型:void main()。

② 功能:该函数用来实现调用各个子函数的功能。

③ 参考代码如下。

```
void main()
{
    int sel;
    finput();//先将文件中现有的数据输入到数组
    while(1)
    {

        Menu();
        cout<<"请输入选择:";
        cin>>sel;
        switch(sel)
        {
        case 1:InStu();break;
        case 2:OutStu();break;
        case 3:SelStu();break;
        case 4:AppStu();break;
        case 5:DelStu();break;
        case 0:foutput();//退出时将数据输出到文件保存
            exit(1);
        }
    }
}
```

运行效果如图 4-22 所示。

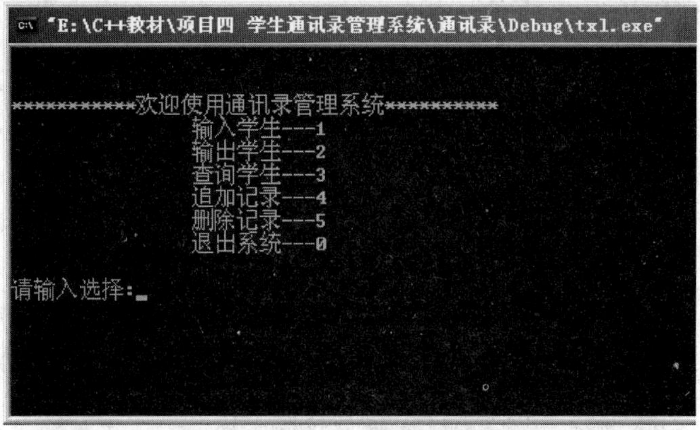

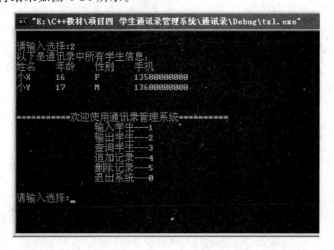

图 4-22　选择界面

选择"1",录入两个学生的信息,如图 4-23 所示。

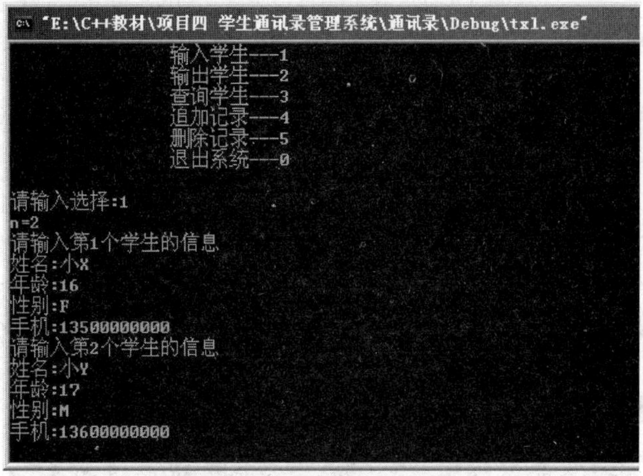

图 4-23　输入学生信息界面

选择"2",运行结果如图 4-24 所示。

图 4-24　输出学生信息界面

选择"3",查找姓名为"小 X"的学生信息,运行结果如图 4-25 所示。

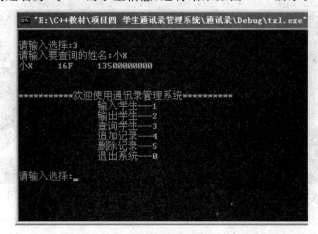

图 4-25　查询学生信息界面(1)

选择"3",查找姓名为"张三"的学生信息,运行结果如图 4-26 所示。

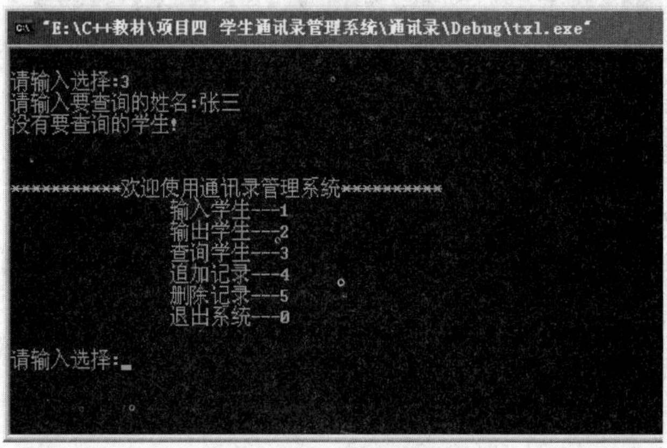

图 4-26　查询学生信息界面(2)

选择"4",追加一条姓名为"小 C"的学生记录,运行结果如图 4-27 所示。

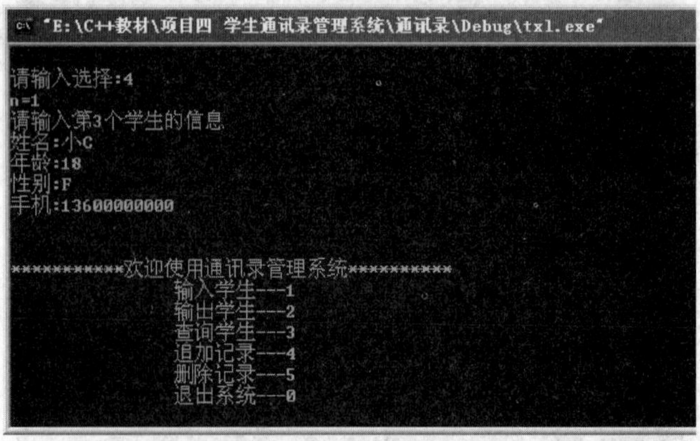

图 4-27　追加学生信息界面

选择"5"，删除姓名为"小 X"的学生记录，运行结果如图 4-28 所示。

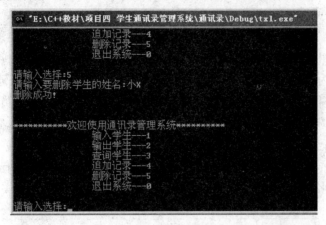

图 4-28　删除学生信息界面(1)

选择"5"，删除姓名为"张三"的学生记录，运行结果如图 4-29 所示。

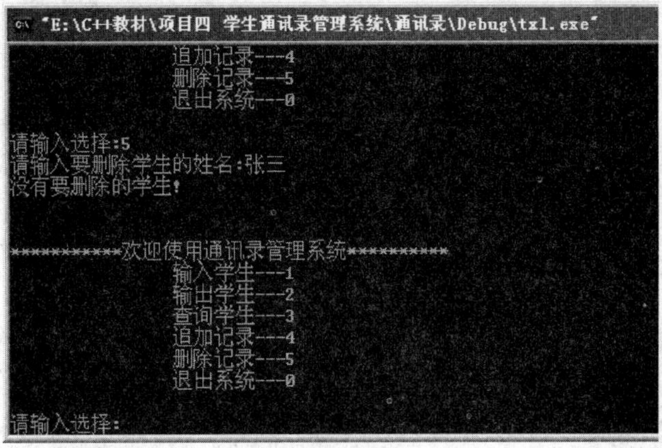

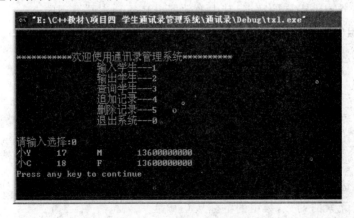

图 4-29　删除学生信息界面(2)

选择"0"，运行结果如图 4-30 所示。

图 4-30　退出系统界面

小结：

(1) 在实现本项目时，可以把所有用到的函数和结构体的声明写到头文件 hs.h 中。

(2) 在主程序中包含 hs.h。

Angie、Daisy 和 Eva 终于实现了通讯录，他们迫不及待地在老师的机器上调试出通讯录，老师再也不用为找不到某个同学的电话号码而发愁了，他们受到了老师的表扬。他们看到自己设计的项目得到了认可，对于编程信心倍增。"Blue Team"的成员又在一起讨论改善这个项目呢。

小记录：

你在本项目的实现过程中遇到了哪些困难？你是如何解决的？请记录下来。

_____

_____

_____

大发现：

_____

_____

4.4　知识拓展

4.4.1　二维数组

一维数组是最基本的数组，一维数组又可以作为元素构成更复杂的数组，也就是说可以声明"数组的数组"。例如，一个由行列组成的二维数组就是由一维数组组成的。二维数组可用于存储矩阵或二维表格的数据，其中的数据也必须是相同类型的。

1. 二维数组的定义

二维数组的定义格式如下：

    数据类型　数组名[常量表达式 1][常量表达式 2]；

说明：

(1) 其中的数据类型可以为整型、实型、字符型、布尔型、结构体类型等数据类型。

(2) 常量表达式称为下标表达式，必须为整常数，常量表达式 1 表示第一维的下标个数，常量表达式 2 表示第二维的下标个数。

(3) 常量表达式 1 也可以称为二维数组中包含的元素的行数，常量表达式 2 指定了二维数组中包含的元素的列数，数组的下标从 0 开始。

例如：

    int a[3][3];　//表示 a 为整型二维数组，有 3×3 个元素

第 1 列   第 2 列   第 3 列

第 1 行:a[0][0],a[0][1],a[0][2]

第 2 行:a[1][0],a[1][1],a[1][2]

第 3 行:a[2][0],a[2][1],a[2][2]

二维数组 a 在内存中的存放顺序如图 4-31 所示。

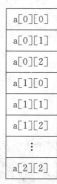

图 4-31 二维数组在内存中的存放顺序

从逻辑上来说,二维数组像一个方阵。但在内存中,要把其排成一个"方阵"是不可能的。内存的地址是固定的线性结构,所以二维数组存放在内存中仍然是线性结构的。二维数组在内存中是以行优先的方式按照一维顺序关系存放的,因此可以这样理解,对于二维数组,相当于一个一维数组。

$$a \begin{cases} a[0] \longrightarrow a[0][0] \; a[0][1] \; a[0][2] \\ a[1] \longrightarrow a[1][0] \; a[1][1] \; a[1][2] \end{cases}$$

二维数组的数组名 a 是该数组第一行 a[0] 的地址。

2. 二维数组的访问

访问二维数组元素的形式为

数组名[下标 1][下标 2]

例如:

int num [2][3]; //声明二维数组

num[1][2] = 3;   //将 3 存入数组 num 的第 2 行第 3 列

说明:若数组是由 m 行 n 列组成的,下标 1 的取值范围大于等于 0 并且小于 m,下标 2 的取值范围大于等于 0 并且小于 n。

例 4.9 输入一个二维数组并输出。

```
#include <iostream>
using namespace std;
void main()
{
int num[3][4];
int i,j;
cout<<"请输入 12 个数:"<<endl;
```

```
for(i=0;i<3;i++)
  for(j=0;j<4;j++)
    cin>>num[i][j];
 for(i=0;i<3;i++)
 {
    for(j=0;j<4;j++)
    cout<<"num["<<i<<"]["<<j<<"]="<<num[i][j]<<"\t";
    cout<<endl;
 }
}
```

运行结果如图 4-32 所示。

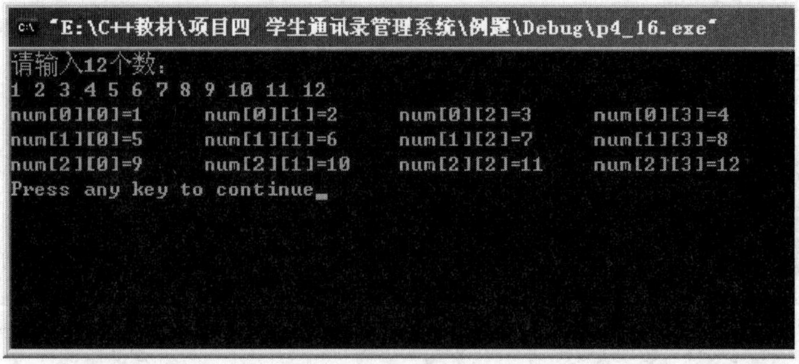

图 4-32　例 4.9 运行结果

小结：二维数组的数据处理通常使用嵌套的 for 循环,其中外层循环控制行数,内层循环控制列数。

3. 二维数组的初始化

二维数组的初始化类似于一维数组。此外,如果给出全部元素的初值,第一维的下标个数可以不用显式说明,每一行也可用花括号括起来。

例如:

int a[2][3]={0,1,2,3,4,5};

int a[ ][3]={0,1,2,3,4,5};

int a[2][3]={{0,1,2,},{3,4,5}};

以上三种情况是等价的,初始化后结果如下:

a[0][0]=0,a[0][1]=1,a[0][2]=2,

a[1][0]=3,a[1][1]=4,a[1][2]=5。

例 4.10　计算二维数组各列之和。

```
#include <iostream>
using namespace std;
void main( )
{
```

```
int num[3][4],i,j,s;
for(i = 0;i<3;i++)
{
        cout<<"第"<<i<<"行的 4 个数:"<<endl;
    for(j = 0;j<4;j++)
        cin>>num[i][j];
}
for(i = 0;i<4;i++)
{
    s = 0;
    for(j = 0;j<3;j++)
        s += num[j][i];
    cout<<"第"<<i<<"列之和:"<<s<<endl;
}
}
```

运行结果如图 4-33 所示。

图 4-33　例 4.10 运行结果

试一试:

如果上面的程序是求数组的各行之和,如何修改程序?

例 4.11　输入一个 3×4 的矩阵,编程求出其中值最大的元素的值,以及该值所在的行标和列标。

```
#include <iostream>
using namespace std;
void main()
{
int a[3][4];
int max,row,colum,i,j;
for(i = 0;i< = 2;i++)
{
```

```
        cout<<"请输入"<<i<<"行上的 4 个数:"<<endl;
        for(j = 0;j< = 3;j ++ )
         cin>>a[i][j];
    }
max = a[0][0];
for(i = 0;i< = 2;i ++ )
   for(j = 0;j< = 3;j ++ )
      if(a[i][j]>max)         //如果这个数大于 max
      {
         max = a[i][j];        //将该数赋给 max
         row = i;              //记录该数的行标 i
         colum = j;            //记录该数的列标 j
      }
cout<<"最大数:"<<max<<endl;
cout<<"该数所在行标:"<<row<<endl;
cout<<"该数所在列标:"<<colum<<endl;
}
```

运行结果如图 4-34 所示。

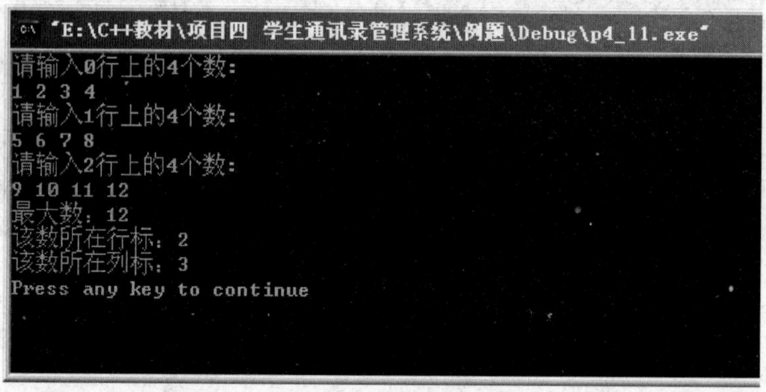

图 4-34   例 4.11 运行结果

试一试:

定义二维数组,输入四个学生三门课的成绩,计算每个学生的平均成绩后,存放在该数组最后一列的对应行上。

4.4.2   字符数组

由若干个字符组成的序列称为字符串。字符串常量是用一对双引号括起来的字符序列,其在内存中按字符的排列次序顺序存放,每一个字符占一字节,并在末尾添加'\0'作为结束标记。在C++的基本数据类型变量中没有字符串变量,C++用字符数组和 string 类对字符串进行处理。

110

1. 字符数组

当数组中的元素都是由一个个字符组成时,则称为字符数组。在 C++中,可以用一个一维的字符数组表示字符串。数组的每一个元素保存字符串的一个字符,并附加一个空字符,表示为'\0',添加在字符串的末尾,以识别字符串的结束。

在 C++中,字符串看做以'\0'字符(空字符)结束的字符数组。字符数组的声明和引用方法与其他类型的数组相同。对数组进行初始化时,在结尾放置一个'\0'字符,则构成了字符串。所以,如果一个字符串有 n 个字符,则至少需要 $n+1$ 个元素的字符数组来保存它。字符串的长度并不包括结束符'\0'。

(1) 字符数组初始化

存放字符串的数组元素个数应大于字符串的长度,对字符数组进行初始化赋值时,初值的形式可以是以逗号分隔的 ASCII 码或字符常量,也可以是整体的以双引号括起来的字符串常量,此时,系统自动在最后一个字符后加'\0'作为结束符。

初始化字符数组可用下列形式:

```
char str1[6] = { 'h', 'e', 'l', 'l', 'o'};    //hello
char str2[6] = { 'h', 'e', 'l', 'l', 'o', '\0' };
char str3[6] = { "hello"};
char str4[6] = "hello";
```

初始化字符数组时,根据字符串的长度,编译器会自动确定数组的长度,下面两种方法等价:

```
char str[ ] = "China";
char str[6] = "China";
```

小结:

① 字符串常量和字符常量是有区别的,字符串常量是用双引号括起来的字符序列,而字符常量是用单引号括起来的单个字符。

② 它们所占的内存空间不同。例如,"a"是字符串常量,而'a'则是字符常量,在内存中字符串"a"占 2 字节,而字符'a'仅占 1 字节。

(2) 字符数组的输入和输出

用于存储字符串的字符数组,其元素可以通过下标运算符访问。这与一般字符数组和其他任何类型的数组是相同的。字符串输出时,可以逐个字符输出,也可以整体输出,输出字符串不包括'\0'。字符串整体输出时,输出项是字符数组名,输出遇到"\0"结束。

2. 字符处理函数

对字符串进行处理,可使用系统提供的字符串处理函数 strcat(连接)、strcpy(复制)、strlen(求长度)等,使用前将头文件 string 包含到源程序中。

(1) 求字符串长度函数

函数原型:strlen(const char str[])。

函数功能:测试字符串的长度,即统计字符串 str 中字符的个数,不包括字符串结束标志'\0'在内。该函数的返回值为字符的个数。

例 4.12 求字符串长度。

```
#include <iostream>
#include <string>    //必须引入
using namespace std;
void main()
{
    char str[100];
    cout <<"请输入一个字符串:";
    cin >>str;
    cout <<"你输入的字符串长度为 :"<<strlen(str)<<"个。"<<endl;
}
```

运行结果如图 4-35 所示。

图 4-35　例 4.12 运行结果

小结：

① strlen 函数的功能是计算字符串的实际长度，不包括'\0'在内。

② strlen 函数也可以直接测试字符串常量的长度，如 strlen("Welcome")。

(2) 字符串拷贝函数

函数原型:strcpy(char str1[], const char str2[])。

函数功能:把将字符数组 str2 拷贝到字符数组 str1 中。

说明：

① 串结束标志'\0'也一同拷贝。

② 字符数组 str2,也可以是一个字符串常量。这时相当于把一个字符串赋予一个字符数组。

例 4.13 字符串复制。

```
#include <iostream>
#include <string>
using namespace std;
void main()
{
char str1[10];
char str2[6] = "hello";
cout<<strcpy(str1,str2)<<endl;
}
```

运行结果如图 4-36 所示。

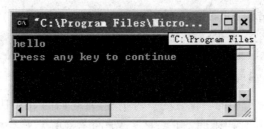

图 4-36　例 4.13 运行结果

小结:

① 第二个字符串将覆盖第一个字符串的所有内容。

② 在定义数组时,str1 的字符串长度必须大于或等于 str2 的字符串长度。

③ str1 必须写成数组名形式(如 s1),str2 可以是字符数组名,也可以是字符串常量。

④ 不能直接对字符数组采用赋值运算符(=)进行赋值。

(3) 字符串连接函数

函数原型:strcat(char str1[ ], const char str2[ ])。

函数功能:将字符串 str2 接到字符串 str1 的后面。

例 4.14　字符串连接。

```cpp
#include <iostream>
#include <string>
using namespace std;
void main()
{
 char str1[] = {"hello"};
 char str2[] = {"world!"};
 cout<<strcat(str1,str2)<<endl;
}
```

运行结果如图 4-37 所示。

图 4-37　例 4.11 运行结果

小结:

① 在定义 str1 的长度时应该考虑 str2 的长度,因为连接后新字符串的长度为两个字符串长度之和。

② 进行字符串连接后,str1 的结束符将自动被去掉,在结束串末尾保留新字符串后面一个结束符。

（4）字符串比较函数

函数原型：int strcmp(const char str1[], const char str2[])。

函数功能：比较两个字符串 str1 和 str2。

说明：

如果比较两个字符串,则比较的原则如下。

① 依次比较两个字符串同一位置的一对字符,若它们的 ASCII 码相同,则继续比较下一对字符;若它们的 ASCII 码不同,则 ASCII 码大的字符串大。

② 若所有字符串均相同,则两个字符串相等。

③ 若一个字符串中的字符比较完了,而另一个字符串中还有字符,则还有字符的那个字符串大。

例 4.15 字符串比较。

```cpp
# include <iostream>
# include <string>
using namespace std;
void main()
{
    char s1[] = "hello";
    char s2[50];
    cout<<"字符串 s1 是"<<s1<<endl;
    cout<<"请输入一个字符串 s2:";
    cin>>s2;
    int ptr;
    ptr = strcmp(s1,s2);
    cout<<"比较结果:"<<endl;
    if(ptr>0)
        cout<<"字符串"<<s1<<"比字符串"<<s2<<"大!"<<endl;
    else if(ptr<0)
    cout<<"字符串"<<s1<<"比字符串"<<s2<<"小!"<<endl;
    else
        cout<<"字符串"<<s1<<"和字符串"<<s2<<"相等!"<<endl;
}
```

运行结果如图 4-38 所示。

"E:\C++教材\项目四 学生通讯录管理系统\例题\Debug\p4_15.exe"

字符串s1是hello
请输入一个字符串s2:hai
比较结果:
字符串hello比字符串hai大!
Press any key to continue

(a)

(b)

(c)

图 4-38　例 4.15 运行结果

小结：

① strcmp 的返回值表示两个字符串之间的关系。

② 返回大于 0,表示字符串 s1 大于字符串 s2。

③ 返回小于 0,表示字符串 s1 小于字符串 s2。

④ 返回等于 0,表示字符串 s1 等于字符串 s2。

4.4.3　共用体

1. 共用体的概念

程序设计有时候需要将几种不同类型的变量存放到同一段内存单元中,如把一个整型变量、一个字符型变量和一个实型变量放在一个起始地址相同的内存单元中。几个不同类型的变量共占同一段内存空间,可以使用"共用体(union)"。这几个变量在内存中占有不同的字节数,但都从同一地址开始存放,它们的值可以相互覆盖。所谓共用体类型,就是几个不同类型的变量共占一段内存的结构。

2. 共用体类型的定义

共用体类型的定义方式和结构体类型的定义方式完全相同。所不同的是,结构体变量中的成员各自占有自己的存储空间,而共用体变量中的所有成员占有共同的存储空间。

定义的一般格式如下:

```
union  共用体类型名
{
    类型标识符 1  成员名 1;
        ⋮        ⋮
    类型标识符 n  成员名 n;
};
```

说明：

(1) 结构体变量所占的内存长度等于各成员所占的内存长度之和（每个成员分别占有

自己的内存)。

(2) 共用体变量所占的内存长度等于最长的成员的长度(全部成员共同占用一段内存)。

例如,有共用体定义如下:

```
union U_type
{
    char ch;   //字符型变量,1字节
    int i;     //整型变量,4字节
};
```

以上说明了一个共用体类型 U_type 既可以表示 char 型数据,又可以表示整型数据,其存储结构如图 4-39 所示。

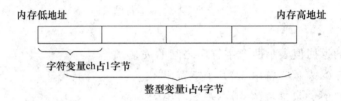

图 4-39　共用体 U_type 变量的存储结构示意图

3. 共用体变量的使用

共用体变量中每个成员的使用方法与结构体完全相同,其一般格式为

　　　共用体变量名.成员名

说明:

(1) 可以像使用一般变量一样使用"共用体变量名.成员名"。

(2) 对共用体某一成员赋值,会覆盖其他成员原来的数据,原来成员的值就不存在了。因此,共用体变量中起作用的是最后一次存入的成员变量的值。

例如,有定义语句:

```
union U_type
{   char ch;
    int i;
} v1;
v1. ch = 'a';
v1. i = 12;
```

小结:

(1) 同一内存段可以用来存放几种不同类型的成员,但在每一瞬时只能存放其中一种,而不是同时存放几种;也就是说,每一瞬时只有一个成员起作用,其他的成员不起作用,即不是同时都存在和起作用。

(2) 共用体变量中起作用的成员是最后一次存放的成员,在存入一个新的成员后,原有的成员就失去作用。

（3）共用体作为一种数据类型，可以在定义其他数据类型中使用。可以将结构体变量的某一成员定义为共用体类型，也可以定义共用体数组。

例 4.16　共用体变量的访问。

```cpp
#include <iostream>
using namespace std;
union U_type
    {
        char ch;
        int i;
    };
void main()
{
    U_type u1;
    u1.ch = 'A';
    cout<<u1.ch<<endl;
    u1.i = 1;
    cout<<u1.i<<endl;
}
```

运行结果如图 4-40 所示。

图 4-40　例 4.16 运行结果

4.5　做得更好

你对该项目满意吗？你对该项目所实现的几大功能满意吗？你可以对该项目提出改进与完善的要求，并当你有能力时实现它。

根据所学的共用体的知识，你可以构思一个师生通讯录，还可以构思＿＿＿＿＿＿＿＿

＿＿＿

＿＿＿

4.6 你知道吗

C++中数组元素下标越界可能引起的问题

数组是类型相同的对象的序列,其中的对象称为数组元素。也可以将数组想象成一连串的用下标值编号的相邻存储区。

可能在某些编程语言中,一个下标变量是不允许超出数组定义中所设的界限的。但是在C++中,数组是没有这种安全措施的。下面先来看看数组下标越界的几种异常结果。

(1) 访问没有分配给数组的内存空间。

```cpp
#include <iostream>
using namespace std;
void main()
{
    const int N = 4;
    int a[N] = {12,40,45,10};
    for(int i = 0;i<5;i++)
        cout<<"\ta["<<i<<"] = "<<a[i]<<endl;
}
```

运行结果如下:

```
        a[0] = 12
        a[1] = 40
        a[2] = 45
        a[3] = 10
        a[4] = 4
Press any key to continue
```

上面的结果中,a[4]访问了不属于数组的内存空间,读取了一个无用的值,这个值是以前使用这个内存单元时保存的值。大家可能会说,这有什么大不了的,这不会影响什么的呀。不急,再往下看。

(2) 访问数组的一个不存在的下标元素时,无意中改变了一个变量的值。

```cpp
#include<iostream>
using namespace std;
int main ()
{
    int a[] = {10,12,31};
    int x = 20;
```

```
    cout << "x = " << x << endl;
    a[3] = 50;
    cout << "x = " << x <<endl;
}
```

运行结果如图 4-41 所示。

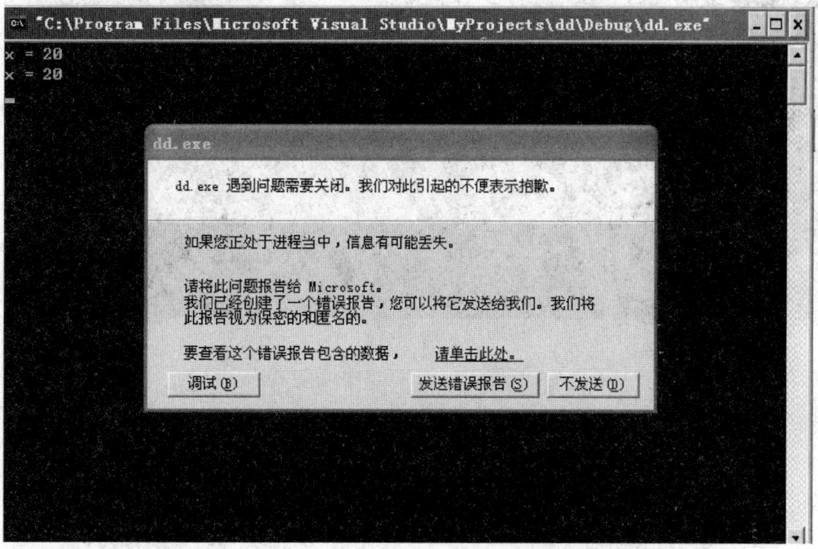

图 4-41　运行结果(1)

　看完上面的情况,应该知道数组元素下标越界带来的严重后果了吧。不过即使这样,程序还是可以正常运行。下面再看第三种情况,它引起的后果会使程序不能正常运行。

(3) 由于数组下标太大而引起程序崩溃。

```
#include<iostream>
using namespace std;
int main ()
{
    int a[] = {10,12,31};
    int x = 20;
    cout << "x = " << x << endl;
    a[300] = 50;
    cout << "x = " << x <<endl;
}
```

运行结果如图 4-42 所示。

　上面的程序是无法正常运行的。大家回忆一下,是不是在操作电脑的时候,经常会遇到这样的情况:突然弹出一个警告框,说此内存地址不能写或不能读。这种情况就会发生在上面的程序运行过程中。

119

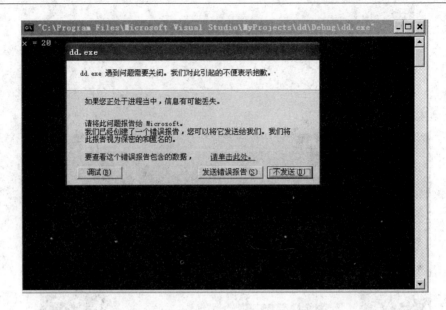

图 4-42　运行结果(2)

4.7　更多知识参考

C++从入门到精通视频教程　　http://www.enet.com.cn/eschool/video/c++/

想一想 4

1. 若有如下定义,下列说法错误的是_____。

```
struct em {
    char a;
    char b;
};
```

A. struct 是结构体类型关键字　　　　B. em 是结构体类型名

C. em 是用户声明的结构体变量　　　　D. a、b 是结构体成员名

2. 拥有相同数据类型的线性数据序列被称为_____。

A. 数组　　　　　B. 变量　　　　　C. 常量　　　　　D. 数据集

3. 在 int array[5]={1,3,5,7,9}中,数组元素 array[2]的值是_____。

A. 1　　　　　　B. 3　　　　　　C. 5　　　　　　D. 7

4. 在 int array[][3]={{1,3,5},{2,4,6},{7,8,9}}中,array[2][2]的值是_____。

A. 1　　　　　　B. 6　　　　　　C. 7　　　　　　D. 9

5. 下列对字符数组进行初始化的语句中,_____是正确的。

A. char str[]="abcd"　　　　　　　B. char str[3]="abc"

C．char str[]＝123　　　　　　　D．char str[]＝'x'

6．字符串结束符为_____。

A．空格　　　　　B．0　　　　　C．end　　　　　D．'\0'

7．下列关于二维数组的描述中，_____是正确的。

A．二维数组必须指定第一维的大小，但可以省略第二维的大小

B．二维数组可以省略第一维的大小，但必须指定第二维的大小

C．二维数组的一维和二维在内存中不同连续的

D．二维数组不能被转换为一维数组

8．以下对二维数组 a 进行正确初始化的是_____。

A．int　a[2][3]＝{ {1,2},{3,4},{5,6} };

B．int　a[ ][3]＝{1,2,3,4,5,6 };

C．int　a[2][ ]＝{1,2,3,4,5,6};

D．int　a[2][ ]＝{ { 1,2},{3,4}};

9．在定义 int　a[5][4]；之后，对 a 的引用正确的是_____。

A．a[2][4]　　　B．a[1,3]　　　C．a[4][3]　　　D．a[5][0]

10．在执行语句：int a[ ][3]＝{1,2,3,4,5,6}；后，a[1][0]的值是_____。

A．4　　　　　　B．1　　　　　C．2　　　　　D．5

11．下列类中，所有输入输出流类的基类是_____。

A．ostream　　　B．ios　　　C．fstream　　　D．istream

12．下面程序的输出结果是_____。

```
# include <iostream>
# include <string>
using namespace std;
void main( )
{ char a[]＝"welcome",b[]＝"well";
  strcpy(a,b);
  cout<<a<<endl;
}
```

A．wellome　　　B．well om　　　C．well　　　D．well we

13．什么是数组元素，其如何访问？元素的下标是从 0 开始，还是从 1 开始的？

14．二维数组可以转换为一维数组吗？如何进行？

15．字符数组和字符串有哪些地方相同，哪些地方不同？

16．字符串数组如何进行初始化？其以什么符号结束？

17．C++没有提供字符串数据类型，如何简单地构造此种数据类型？

18．结构体与共用体的区别是什么？

19．文件的使用有它的固定格式，分哪几步？

做一做 4

1. 编写一个小型的班级同学信息的管理系统。要求至少设有以下实用功能:录入学生信息,求某门或各门课程的总分、平均分,按姓名或学号寻找学生的记录并显示,浏览学生信息,按指定的若干门课程或按总分由高到低显示学生信息等。

2. 编写一个函数 count(long k,int count[10]),求出整数 k 中 0~9 各数字出现的次数,结果存放于数组 count[]中。

3. 编写函数 ReadInfo 读入 10 名职工的编号(整型)、姓名(字符串)、联系电话(字符串)放在结构体数组 work 中;编写函数 WriteInfo 输出这 10 名职工的记录;在主函数中分别调用上述两个函数,实现程序的功能。

4. 自己写一个简单的算法,把数组 int nArray[]={32,20,1,40,18,16,44,88}变成从小到大的有序数组。

5. 编写程序建立文件 one.txt,然后从键盘读取字符写入该文件。

项目5 指　　针

学习目标：

通过该项目你可以知道 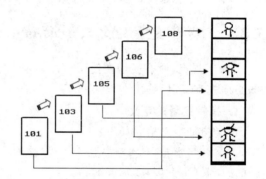 ：

1. 指针与指针变量的概念及引用
2. 指针数组的概念
3. 指针作为函数参数的应用
4. 引用的使用

通过该项目你能够 ✌ ：

1. 应用指针变量
2. 使用指针访问函数
3. 使用指针实现地址调用
4. 实现引用的调用

5.1　项目情景

Angie：将数据存放在计算机的内存中，我是通过变量的名字来访问它的。

Daisy：是的。通过名字完成对它的输入、输出以及其他处理。

Angie：变量除了名字、值两个要素，还应该有一个在内存中的地址要素。

Daisy：那我们可以使用地址来访问变量，是不是还可以将内存中不连续的单元连接起来？

Angie：用什么来保存地址呢？

Daisy：是不是就是用 C++中神乎其神的指针呢？

于是他们开始探索神奇的"指针"……

5.2　相关知识

指针是 C++中一种非常重要的数据类型。通过指针可直接处理内存地址，可以更好地表示复杂的数据结构，实现动态存储分配。其他数据类型无法或很难实现的操作，都可以利用指针来完成。

5.2.1　指针的概念

前面介绍了变量、数组、函数。在程序执行时它们在内存中都有地址编号,考虑到直接使用这些地址不方便,C++允许使用变量名、数组名[下标]、函数名来访问。这种访问是间接地访问内存中相应的地址。这些地址也可以通过 & 变量名、数组名、函数名分别得到。

指针其实就是在内存中的地址,它可能是变量的地址,也可能是函数的入口地址。如果指针变量存储的地址是变量的地址,称该指针为变量的指针(或变量指针);如果指针变量存储的地址是函数的入口地址,称该指针为函数的指针(或函数指针)。

指针变量也是一种变量,其特殊性在于该类型变量是用来保存地址值的。

5.2.2　指针变量的定义和初始化

C++规定,所有变量在使用前都必须先定义,规定其类型。指针变量如同其他变量一样,必须先定义、后使用。

1. 指针变量的定义

定义指针变量格式如下:

　　数据类型　*指针变量名;

例如:

　　int * p;

上述语句定义了指针变量 p(p 为指针变量名),p 可以指向任何一个整型变量,也就是说 p 可以保存任何一个整型变量的地址。

说明:

(1) 数据类型是指针变量所指向变量的数据类型,指针变量只能指向定义时所规定类型的变量。

(2) 指针变量定义后,变量值不确定,使用时必须先进行赋值。

2. 指针变量的初始化

初始化的格式如下:

　　数据类型　*指针变量名 = & 变量名;

例如:

　　int　x;　　//定义普通变量 x

　　int * p = &x;　//定义指针变量 p 并初始化

指针变量 p 的值是普通变量 x 的地址。这样,访问变量 x 就多了一种方法:根据指针变量 p 的值找到普通变量 x 的内存地址(相当于 & x),再从该地址取得 x 的值。

说明:

(1) 引用不确定的指针变量有一定的危险性。

(2) 一个指针变量只能指向同一类型的变量,这里的指针变量 p 只能指向整型变量。

例 5.1　指针变量定义及初始化应用实例。

　　# include <iostream>

```
using namespace std;
void main( )
{
    float x = 3. 1415f,y = 2.0f;
    float  * p = &x, * q = &y, * t;
    cout<< * p<<endl;
    cout<< * q<<endl;
    cout<< * t<<endl;
}
```

运行结果如图 5-1 所示。

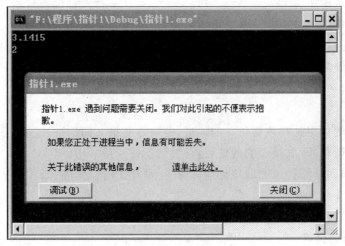

图 5-1　例 5.1 运行结果

小结：

（1）指针变量 p 和 q 的值都可以正确输出。

（2）指针变量 t 的值进行输出时遇到了问题，这是由于 t 没有确定的指向所引发的，所以程序会弹出一个对话框，提示"此文件遇到问题需要关闭"。

（3）指针变量必须先赋值后使用。

5.2.3 指针运算

1．间接访问运算符" * "和取地址运算符"&"

（1）间接访问运算符" * "

" * "运算符作用在指针（地址）上，代表该指针所指向的存储单元（即其值），实现间接访问，因此又叫"间接访问运算符"。

" * "运算符是单目运算符，优先级别为 2 级，与其他的单目运算符具有相同的优先级和结合性（右结合性）。例如：

```
int  x = 12,y, * p;//定义变量 x 和指针变量 p
p = &x;          //使 p 指向 x
y = * p;          //间接引用 x,把指针 p 指向的变量 x 的值赋给 y,y 的值为 12
```

125

程序说明如图 5-2 所示。

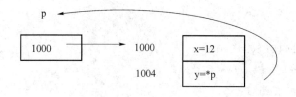

图 5-2　运算符"*"的应用

说明: 指针变量定义时的"*"是指针变量说明的标志,可以称为"指针标示符",而间接引用运算符"*"是用来访问指针所指向的变量。

(2) 取地址运算符"&"

取地址运算符"&"被用在一个变量的前面,运算结果是该变量的地址,即表示对 & 后面的变量进行取地址运算。该运算符是单目运算符,优先级别为 2 级,与其他的单目运算符具有相同的优先级和结合性(右结合性)。例如:

int　x = 12, * p;

p = &x;

指针变量 p 的作用是存放变量 x 的地址,要取得变量 x 的地址,就需要用取地址运算符"&"进行取地址运算,即取得 x 的地址后,存放到指针变量 p 中。

说明: 间接访问运算符 * 和取地址运算符 & 是互逆的。例如:

* (&a)与 a 等价

&(* p)与 p 等价

2. 指针变量的运算

指针的运算实际上就是地址的运算。指针可以进行以下几种运算:赋值运算、取地址运算、间接访问运算、比较运算、算术运算、加赋值运算和减赋值运算等。

(1) 赋值运算(=)

定义指针后,必须先进行赋值才能引用,否则会出现错误。指针之间也可以赋值,把赋值号右边指针表达式的值赋给左边的指针变量,要求赋值号两边的指针类型必须相同。但是允许把任一类型的指针赋给 void * 类型的指针变量。

例如:

int a = 12, * p, * q;　　 //定义整型变量 a,指针变量 p 和 q

char c = ´f´, * t;　　　 //定义字符型变量 c,指针变量 t

p = &a;　　　　　　 //p 指向整型变量 a

q = p;　　　　　　　 //将指针变量 p 的值赋给指针变量 q

t = &c;　　　　　　 //t 指向字符型变量 c

(2) 算术运算

指针变量可以进行的运算符:自增(++)、自减(--)、减(-)运算。

自增(++)/自减(--)指该指针向后/向前移动 1 个数据的地址值。一个指针加上或减去一个整数 n,得到的值将是该指针向后或向前移动 n 个数据的地址值,具体大小与数据类型有关。

例 5.2 指针变量的算术运算。

```cpp
#include <iostream>
using namespace std;
void main( )
{
char m[10] = {'A','B','C','D','E','F','G','H','I'};
//定义字符型数组 m 并初始化
int n[8] = {2,1,5,8,9,13,15,16};
//定义整型数组 n 并初始化
char * pa = m, * pb;
int  * qa = n, * qb;
cout<< * pa<<"\t"<< * qa<<endl;
 ++ pa;
 ++ qa;
cout<< * pa<<"\t"<< * qa<<endl;
pb = pa + 5;          //pa 加 5 表示指针向后移动 5 个存储单元
qb = qa + 3;          //qa 加 3 表示指针向后移动 3 个存储单元
cout<< * pb<<"\t"<< * qb<<endl;
}
```

运行结果如图 5-3 所示。

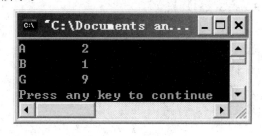

图 5-3 例 5.2 运行结果

(3) 加赋值(+=)和减赋值(-=)

这两种操作是加、减操作和赋值操作的复合。

例 5.3 指针的加赋值、减赋值运算。

```cpp
#include <iostream>
using namespace std;
void main()
{
    int n[8] = {1,2,5,8,9,13,15,16};
    int * pa = n + 1, * pb = n + 4;
    cout<< * pa<<"  "<< * pb<<endl;
    pa += 3,pb -= 2;
    cout<< * pa<<"  "<< * pb<<endl;
}
```

运行结果如图 5-4 所示。

图 5-4　例 5.3 运行结果

(4) 关系运算(==、!=、<、<=、>、>=)

关系运算是比较指针大小的运算。两个指针指向同一连续的存储地址单元,地址也有大小,可以在关系表达式中比较,判断指针的位置。后面数据的地址大于前面数据的地址。假设 p 和 q 是两个相同类型的指针,则当 p 大于 q 时,关系式 p>q,p>=q 和 p!=q 的值为 true,而关系式 p<q,p<=q 和 p==q 的值为 false;若 p 的值与 q 的值相同,说明这两个指针都指向同一存储单元,则关系式 p==q 成立,其值为 true,而关系式 p!=q,p<q 和 p>q 不成立,其值为假;当 p 小于 q 时,也可以进行类似的分析。

单个指针也可以同其他任何对象一样,作为一个逻辑值使用,若它的值不为空则为逻辑值 true,否则为逻辑假。判断一个指针 p 是否为空,若为空则返回 true,否则返回 false,该条件可表示为!p 或 p==NULL。若要判断一个指针 p 是否为空,不为空时返回 true,否则返回 false,该条件可表示为 p 或 p!=NULL。

例如:

```cpp
int n[8] = {1,2,5,8,9,13,15,16};
int * pa = n, * pb = n + 2;
if (pa == pb)                      //判断 pa 与 pb 是否相等
    cout<<"pa 与 pb 相等"<<endl;
else
    cout<<"pb 不等于 pa"<<endl;
```

5.3　项目解决

有了指针,我们使用内存中数据的方式更加灵活,下面通过指针实现对各种类型数据的操作。

```cpp
#include<iostream>
#include<string>
using namespace std;
struct Student
{
    string name;
    int age;
};
```

```
void main()
{
    int a, * p;
    float b, * q;
    char c, * ch;
    Student st, * t;
    p = &a;        //指针指向整数 a
    q = &b;        //指针指向实数 b
    ch = &c;       //指针指向字符 ch
    t = &st;       //指针指向结构体类型变量
    cout<<"输入一个整数:";
    cin>> * p;
    cout<<"输入一个实数:";
    cin>> * q;
    cout<<"输入一个字符:";
    cin>> * ch;
    cout<<"学生姓名和年龄:"<<endl;
    cin>>t->name>>t->age;              //使用指针访问结构体成员
    cout<<"a = "<<a<<endl;
    cout<<"b = "<<b<<endl;
    cout<<"c = "<<c<<endl;
    cout<<"学生姓名:"<<t->name<<"学生年龄:"<<t->age<<endl;
}
```

5.4 知识拓展

由于指针与数组在存取数据时采用统一的地址计算方法,所以指针的运算通常与数组相关。前面已提出引用数组元素可以用下标法,也可以用指针法(通过指向数组元素的指针找到所需的元素)。任何能由下标完成的操作,都可以用指针来实现。使用指针既可以节约空间,也可以节约时间(占用内存空间少,运行速度快),从而提高目标程序的质量。

5.4.1 指针与一维数组

一维数组是一组具有相同数据结构的元素组成的数据集合,被存放在一片连续的内存存储单元中。对数组访问是通过数组名(数组的起始地址)加上相对于起始地址的相对量(数据元素下标),得到要访问的数组元素的存储单元地址,然后再对数组元素的内容进行访问。

用户所编写的源程序经编译系统编译时,若有数组元素 a[i],则将其转换成 * (a+i),然后才能进行计算。

一般数组元素的形式为

<数组名>[<下标表达式>]

编译程序将其转换为

*(<数组名>+<下标表达式>)

例如,数组 int m[8]={1,2,5,8,9,13,15,16},可得到:

m   表示数组的首地址,即第 1 个元素的地址,m==&m[0];

m+1   表示第 2 个元素的地址,m+1===&m[1];

m+i   表示第(i+1)个元素的地址(0≤i≤7),m+i==&m[i]。

因此,可以用下标和指针两种方式访问数组元素,如表 5-1 所示。

表 5-1   下标和指针访问数组元素

下标形式	地址	指针形式	内容
m[0]	m	*m	1
m[1]	m+1	*(m+1)	2
m[2]	m+2	*(m+2)	5
m[3]	m+3	*(m+3)	8
m[4]	m+4	*(m+4)	9
m[5]	m+5	*(m+5)	13
m[6]	m+6	*(m+6)	15
m[7]	m+7	*(m+7)	16

由此可见,m[i]与 *(m+i)是等价的。

例 5.4   通过指针访问一维数组元素。

```
#include <iostream>
using namespace std;
void main( )
{
    int *p;
    int k[8]={1,3,6,7,10,11,13,15};
    for(p=k;p<k+8;p++)
        cout<<*p<<"\t";
    cout<<endl;
}
```

运行结果如图 5-5 所示。

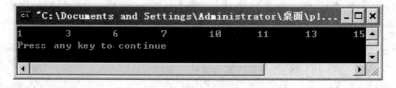

图 5-5   例 5.4 运行结果

小结：

该数组 k 在内存中的位置如图 5-6 所示。

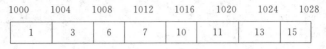

图 5-6　指针与一维数组

假设 k 在内存中的地址为 1000,数组名 k 即为整个数组的首地址,执行 p++后,指针指向内存地址为 1004 的内存(C++中,普通整型变量占 4 个字节内存),其实质为指向数组元素 k[1]所在的内存位置。

随着指针变量的移动,指针变量可以指到数组后的内存单元。因此,使用指针变量对数组进行访问时,要注意指针的指向。

试一试：

使用指针完成一维数组的输入与输出。

5.4.2　指针与二维数组

1. 二维数组的地址

一个二维数组可以看做是带有第一维下标的一维数组,该数组中的每一个元素又是一个带有第二维的一维数组。

例如:

int n[3][4] = {{21,28,17,23},{32,5,18,29},{15,20,9,58}};

该数组 n 由 3 个元素组成,分别是 n[0]、n[1]、n[2],而 n[0]、n[1]、n[2]又分别是由 4 个元素组成的一维数组。n[0]的 4 个元素为 n[0][0]、n[0][1]、n[0][2]、n[0][3],n[1]的 4 个元素为 n[1][0]、n[1][1]、n[1][2]、n[1][3],n[2]的 4 个元素为 n[2][0]、n[2][1]、n[2][2]、n[2][3]。

二维数组名同样也是一个地址常量,其值为二维数组第一个元素的地址。按照一维数组地址的概念:

- n 表示数组元素 n[0]的地址,即第 0 行的首地址,称为行指针;
- n+1 表示数组元素 n[1]的地址,即第 1 行的首地址,称为行指针;
- n+2 表示数组元素 n[2]的地址,即第 2 行的首地址,称为行指针。

同时,n[0]、n[1]、n[2]也是 3 个一维数组的名字。

同理,n[i]表示数组元素 n[i][0]的地址,即第 i+1 行第 1 个元素的地址,n[i]==&n[i][0],列指针。

从值上看,n= =n[0]、n+1= =n[1]、n+2= = n[2],n+i 表示数组中第 i 行的首地址,n[i]表示 n 数组第 i 行首列的地址。

由一维数组可知,n[i]与 *(n+i)等价,在二维数组中同样适用。但是 n[i]表示二维数组第 i 行首列的地址,因此 *(n+i)也表示二维数组第 i 行首列的地址。

2. 使用二维数组的地址访问数组元素

与一维数组类似,可以用二维数组的地址访问数组元素,二维数组 n [x][y]的元素 n[i][j]的引用可以用以下 5 种方法:

n[i][j]

*(n[i]+j)

((n+i)+j)

(*(n+i)[j]

*(&n[0][0]+m*i+j)

3. 使用指向二维数组元素的指针变量访问数组元素

可以使用一个以数组元素类型为基类型的指针,依次引用二维数组的所有元素,因为这些元素在内存中按顺序连续存放。

例 5.5 使用指针变量访问二维数组元素。

```cpp
#include <iostream>
using namespace std;
void main()
{
 int n[3][4] = {{21,28,17,23},{32,5,18,29},{15,20,9,58}};
 int *p[4];   //p 与 n 的值具有相同的指针类型,均为 int(*)[4]
 int i,j;
 *p = n[0];
 for (i = 0;i<3;i++)
 {
    for(j = 0;j<4;j++)
    {
        cout<< **p<<" ";   //采用指针方式访问 p 所指向的二维数组
        (*p)++;
    }
    cout<<"\n"<<endl;
 }
}
```

运行结果如图 5-7 所示。

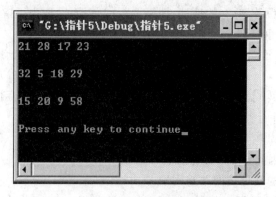

图 5-7　例 5.5 运行结果

小结：

（1）使指针变量 p 指向数组 n 的第 1 行第 1 列的地址，则＊p 表示 n 数组的第 1 个元素值。

（2）p＋＋，指向数组 n 的下一个元素，则＊p 表示数组 n 的下一个元素值……直至访问完数组的所有元素。

思考：

在例 5.5 的基础上，下列对指向二维数组元素的指针变量的赋值，哪几种方法是正确的？

A. p＝＊b；　　B. p＝&b[0][0]　C. p＝＊(b＋0)；　　D. p＝b；

5.4.3　指针与字符串

字符串是存放在字符数组中的，对字符数组中的字符逐个处理时，指针与数组之间的关系也适用于字符数组，用指针处理字符串更加方便。

字符型指针变量可以指向字符型常量、字符型变量、字符串常量以及字符数组。可以使用指针常量或指针变量处理字符串。使用指针变量处理字符串时，一定要使指针变量有确定的指向，否则系统不知指针变量指向哪一个存储单元，执行时就会出现意想不到的错误，甚至对系统造成严重危害。

1. 字符指针的定义及初始化

字符指针定义的格式为

char ＊变量名；

例如：

char ＊pstr；

字符指针的初始化可以有下列几种方式。

（1）用字符数组名初始化。

char ch[ ]＝˝welcome to Dezhou!˝；

char ＊pstr＝ch；

（2）用字符串初始化。

char ＊pstr ＝˝welcome to Dezhou!˝

用字符串"welcome to Dezhou!"的首地址初始化 pstr 指针变量，即 pstr 指向字符串"welcome to Dezhou!"的首地址。

（3）用赋值运算使指针指向一个字符串。

char ＊pstr；

pstr ＝˝welcome to Dezhou!˝

这种方法与用字符串初始化指针完全等价。

2. 使用字符指针处理字符串和字符数组

例 5.6　用指针实现字符串复制。

```
# include ＜string＞
# include ＜iostream＞
using namespace std；
```

```
void main( )
{
char  * ps1 = "welcome to Dezhou!", * ps2;
char s1[60],s2[60];
strcpy(s1,ps1);
ps2 = s2;
while( * ps1! = '\0')
{
 * ps2 = * ps1;
ps1 ++ ;
ps2 ++ ;
}
 * ps2 = '\0';
cout<<"\ns1 = "<<s1<<endl;
cout<<"\ns2 = "<<s2<<endl;
getchar( );
}
```

运行结果如图 5-8 所示。

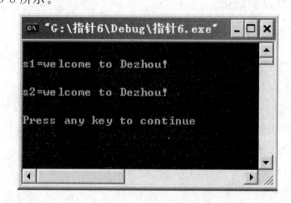

图 5-8　例 5.6 运行结果

小结:

(1) 指针变量拷贝字符串的过程:先将 ps2 指向字符串数组 s2 的首地址,然后通过赋值语句 * ps2 = * ps1 将字符串 s1 复制到 s2 中,再将指针 ps1、ps2 移动到下一个存储单元,依次循环直到字符串结束符'\0'结束。

(2) 输出字符指针就是按地址输出字符串,输出指针的间接引用就是输出指针所指单元的字符。指向字符串中任一位置的指针都是一个指向字符串的指针,该字符串从所指位置开始,直到字符串"\0"为止。

3. 字符指针变量与字符数组的区别

例如:

char * ps = "welcome to Dezhou!";

char s[ ] ="welcome to Dezhou!";

s 由若干字符元素组成，每个 s[i]存放一个字符；而 ps 中存放的是字符串首地址。字符指针变量与字符数组的区别如图 5-9 所示。

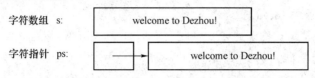

图 5-9 字符数组与字符指针变量的区别

语句"s＝″welcome to Dezhou!″;"是错误的，但是，语句"ps＝″welcome to Dezhou!″;"却是正确的。因为 s 中存放的是地址常量，且 s 大小固定，预先分配存储单元；ps 中存放的是地址变量，并且可以多次赋值。

ps 接收输入字符串时，必须先开辟存储空间。

例如：

char ＊ps;

cin＞＞ps; //ps 没有具体指向

cout＜＜ps＜＜end1;

编译时会出现错误提示：

local variable ′p′ used without having been initialized

修改为

char ＊ps,s[60];

ps = s;

cin＞＞ps;

cout＜＜ps＜＜end1;

5.4.4 指针作为函数参数

指针作为函数参数的传值方式称为地址传递。指针既可以作为函数的形参，也可以作为函数的实参。当需要通过函数改变变量的值时，可以使用指针作为函数参数。指针作为函数的参数时，是以数据的地址作为实参调用一个函数，即参数传递的是地址。因此，与之相对应的被调用的函数中的形参也应为指针变量，并要求其数据类型必须与被传递参数的数据类型一致。

与传值调用相比，在传地址调用时，实参为某变量地址值，形参为指针类型，将地址值赋给形参，使形参指针指向该变量，则以后可直接通过形参指针来访问该变量。

例 5.7 编写一个函数，可以执行两个数的交换。

```
// 指针作为参数:两个数交换
#include ＜iostream＞
using namespace std;
void change(int ＊,int ＊);
void main()
{
```

```
    int a,b;
    int * p1 = &a, * p2 = &b;
    cout<<"a,b=";
    cin>>a>>b;
    cout<<"\n 交换之前 a,b="<<a<<"   "<<b<<endl;
    change(p1,p2);
    cout<<"\n 交换之后 a,b="<<a<<"   "<<b<<endl;
}

void change(int * m,int * n)
{
int t;
    t = * m;
    * m = * n;
    * n = t;
    cout<<"\n 函数中 m,n="<< * m<<"   "<< * n<<endl;
}
```

运行结果如图 5-10 所示。

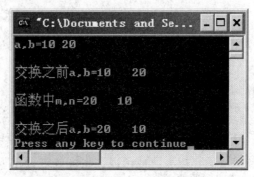

图 5-10　例 5.7 运行结果

小结:

(1) 定义指针变量 p1 和 p2,分别指向整型变量 a 和 b,将 p1 和 p2 的值作为实参传递给形参 m 和 n,则 m 和 n 也分别指向变量 a 和 b,在 change( )函数中交换指针变量 m 和 n 所指向变量的内容,实际上交换的就是变量 a 和 b 的值。参数的传递方式如表 5-2 所示。

(2) 如果函数的形参为指针类型,调用该函数时,对应实参必须是基类型相同的地址值或已指向某个存储单元的指针变量。

(3) 虽然实参和形参之间还是值传递方式,但由于传递的是地址值,所以形参和实参指向了同一个存储单元。因此,在函数中,通过形参操作的存储单元,与实参所指是同一个单元,一旦形参的值发生了变化,实参的值就发生了改变。利用此形式,可以把两个或两个以上的数据从被调用函数中返回到调用函数。

表 5-2　参数的传递

调用 change()前	地址	内容	调用 change()后
p1	0x00110092	0x0011009E	p2
p2	0x00110096	0x0011009A	p1
a	0x0011009E	8	b
b	0x0011009A	3	a
		change( )	
temp	0x00110110		
m	0x00110114	0x0011009E	
n	0x00110118	0x0011009A	

使用指针作为参数在函数间传递数据时要注意以下两点。

(1) 在主调函数中,要以变量的存储地址作为实参来调用另一个函数。

(2) 被调用函数的形参必须是可以接受地址值的指针变量,而它的数据类型应与被传的数据类型相一致。

5.4.5　指针与引用

1. 引用类型

当调用形参为变量名的函数时,系统将为形参分配与实参不同的内存空间,因此,函数的执行结果无法通过形参返回给调用程序,变量作为形参也就无法应用在需要返回两个或两个以上运算结果的函数中。为此,C++提供了引用类型变量来解决上述问题。

引用是变量的一个别名。引用可以作变量,主要用途是函数传递实参,达到从函数返回计算结果的目的。当声明一个引用变量时,必须用另一个变量对其初始化。为建立引用,先写上目标的类型,后跟引用运算符"&",然后是引用的名字。引用可以使用任何合法变量名。引用类型变量必须先定义、后使用。

引用类型变量的定义格式为

数据类型 & 引用变量名 = 变量名;

其中,字符"&"可以放在数据类型之后,也可以放在引用变量名之前,或者用空格与二者分开。另外,被引用的变量必须是已定义的。

例如:

int number;　　//定义整型变量 number

int & rdl = number;　　　//定义引用变量 rdl,rdl 是 number 的引用

定义 rdl 是 number 的引用,number 称为 rdl 的引用对象,rdl 称为 number 的引用。在声明引用型变量 rdl 之前,变量 number 必须先说明。rdl 与被引用变量 number 具有相同的地址,即 rdl 与 number 是相同的变量。如果执行下面的语句:

rdl = 56;

则 rdl 和 number 的值均为 56。

说明:引用是建立某个变量的别名,不占存储空间,声明引用时,目标的存储状态不会改变。因此引用只能声明,不能定义。

例 5.8 引用类型变量举例。

```cpp
#include <iostream>
using namespace std;
void main( )
{
    int number = 20;    //定义整型变量 number 并赋值为 20
    int &rdl = number;  //定义引用变量 rdl, rdl 是 number 的引用
    cout<<"number = "<<number<<endl;
    cout<<"rdl = "<<rdl<<endl;
    number += 32;       //number 重新赋值
    cout<<"number = "<<number<<endl;
    cout<<"rdl = "<<rdl<<endl;
    rdl += 64;          //rdl 重新赋值
    cout<<"number = "<<number<<endl;
    cout<<"rdl = "<<rdl<<endl;
}
```

运行结果如图 5-11 所示。

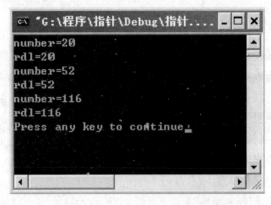

图 5-11 例 5.8 运行结果

小结:

引用变量 rdl 用整型变量 number 来初始化,number 和 rdl 的值一样。引用在声明时必须初始化,否则会产生编译错误。

说明:

(1) 引用与指针不同,指针变量可以不进行初始化,并且在程序中可以指向不同的变量。引用必须在声明的同时用一个已定义的变量进行初始化,并且一旦初始化后就不会再绑定到其他变量上了。

(2) 引用声明中的字符"&"不是地址运算符,它用来声明引用,除了引用之外,任何"&"的应用都是地址运算符。引用运算符与地址操作符使用的符号相同,但它们不一样。引用运算符只在声明的时候使用,它放在类型名后面,例如:

    int &rdl = number;

（3）引用变量与变量的声明要分别写在不同的行上，可提高程序可读性。例如：

```
int m;
int &r = m,n;      //r 是 m 的引用,n 是变量
```

最好改写为

```
int m,n;
int &r = m;
```

（4）不允许对 void 进行引用。引用与被引用的变量应具有相同的类型，但对 void 进行引用是错误的。例如：

```
void m = 20;
void &r = m,n;
```

这样的语句是错误的，void 是语法上的类型，不能建立类型为 void 的变量。

（5）引用只能是变量或对象的引用，不能建立数组的引用，数组是具有某种类型的数据的集合，数组名表示数组的起始地址，而不是一个变量。指针可以作为数组元素，但引用不可以作为数组元素。

（6）指针可以有引用，指针是变量，可以有指针的引用。

2. 引用作为函数的参数

引用最重要的作用是作函数的参数。函数参数传递有传值、传址和引用三种方式。引用可以作为函数的参数，建立函数参数的引用传递方式。引用传递实际上传递的是变量的地址，而不是变量本身。这种传递方式避免了传递大量数据带来的额外空间开销，从而节省大量存储空间，减少了程序运行的时间。

下面以交换两个变量值的函数为例子来说明传值、传址和引用三种传递方式之间的区别。

例 5.9 编写可以进行两个数据交换的函数。

```
#include <iostream>
using namespace std;
void change1(int,int);
void change2(int *,int *);
void change3(int &,int &);
void main( )
{
  int m = 32,n = 64;
  cout<<"\n 执行交换之前:\nm = "<<m<<"  n = "<<n<<endl;
  change1(m,n);
  cout<<"\n 数值传递 change1(m,n)交换之后:\nm = "<<m<<"n = "<<n<<endl;
  change2(&m,&n);
  cout<<"\n 地址传递 change2(&m,&n)交换之后:\nm = "<<m<<"n = "<<n<<endl;
  change3(m,n);
  cout<<"\n 引用传递 change3(m,n)交换之后:\nm = "<<m<<"n = "<<n<<endl;
}
```

```cpp
void change1(int m,int n)
{
  int t;
  t = m;
  m = n;
  n = t;
}

void change2(int * m,int * n)
{
  int t;
  t = * m;
  * m = * n;
  * n = t;
}

void change3(int &m,int &n)
{
  int t;
  t = m;
  m = n;
  n = t;
}
```

运行结果如图 5-12 所示。

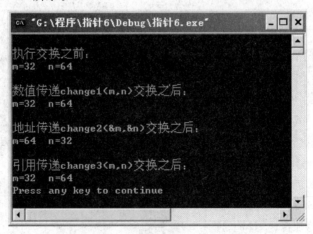

图 5-12 例 5.9 运行结果

小结：

（1）编写交换数据函数 change(int &fm,int &fn)，函数中的数是引用型变量，即在函数调用时接受的是实参(m,n)的地址，即 fm 和 fn 是变量 m 和 n 的别名。交换变量 fm 和 fn 的值就是交换变量 m 和 n 的值。函数 change1 交换了 m 和 n，并不影响传入该函数的实参，实参传给形参时被复制，实参和形参分别占用不同的存储单元。

（2）函数 change2 使用指针作为参数，克服了 change1 的问题，当实参传给形参时，指针本身被复制，而函数中交换的是指针指向的内容。当 change2 返回后，两个实参可以达到交换的目的。

（3）函数 change3 通过使用引用参数，克服了 change1 的问题，形参是对应实参的别名，当形参交换时，实参也交换。实参前不能加引用运算符"&"。

说明：

（1）参数传递方式类似于指针，可读性比指针传递强。

（2）调用函数语法简单，与简单传值调用一样，但其功能却比传值方式强。

小记录：

在使用指针的过程中最难的是什么？编译中出现的错误提示有哪些？

_____

_____

_____

_____

大发现：

_____

_____

5.5　你知道吗

特工 008 利用指针寻找保险箱密码

有一个编号为 008 的特工，在 2010 年 9 月 12 日凌晨接到一个任务。任务要求他找出一个保险箱的密码，据可靠消息得知，这个密码被神秘人放在一个五星级酒店中，保险箱的密码和"虎跑机"的保险柜有一定的关联。

008 特工对全市五星级酒店进行排查，确定×××酒店有名为"银龙"的保险柜，打开"银龙"保险柜之后，看到"2058"这几个数字，008 特工找到 2058 号"卧虎"保险柜，这就是存放密码的保险柜，打开 2058 保险柜，拿出密码，成功地打开了保险箱，顺利地完成了任务。

008 特工就是利用指针与地址的关系顺利找到密码，成功完成任务的。密码示意图如图 5-13 所示。

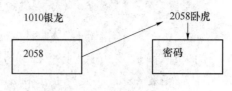

图 5-13　密码示意图

5.6　更多知识参考

中国 IT 实验室　http://c.chinaitlab.com/special/pointer/Index.htm

想一想 5

1. 地址是指＿＿＿＿。
A. 变量的值　　　　　　　　　　　　B. 变量的类型
C. 变量在内存中的编号　　　　　　　D. 变量
2. 变量的指针的含义是指该变量的＿＿＿＿。
A.值　　　　　　B.地址　　　　　　C.名　　　　　　D.一个标志
3. 若有语句：

    int ∗p,m = 4;

    p = &m;

以下均代表地址的一组选项是＿＿＿＿。
A. m,p, ∗&m　　　　　　　　　　　B. & ∗m,&m, ∗p
C. ∗ &p, ∗p,&a　　　　　　　　　　D. &a,& ∗p,p

4. 假设某变量有如下语句,则通过指针变量 c 得到 a 的数值的方式为＿＿＿＿。
int　a, ∗b, ∗ ∗c;

b = &a;　　　c = &b;

A. 指向运算　　　　B. 取地址运算　　　C. 直接存取　　　D.间接存取
5. 设 p 和 q 是指向同一个整型一维数组的指针变量,f 为整型变量,则不能正确执行的语句是＿＿＿＿。
A.k= ∗p+ ∗q　　　B.q=f　　　　　C.p=q　　　　　D.k= ∗p ∗ (∗q)
6. 以下程序的输出结果为＿＿＿＿。
include ＜iostream＞

using namespace std;

include ＜string＞

void main( )

{

　char ∗p[10]{″abc″,″aabbcc″,″ccbbaa″,″cba″,″da″};

142

```
cout<<strlen(p[4]);
}
```

A. 2   B. 6   C. 4   D. 5

7. 若有以下说明语句:

int a[10] = {1,2,3,4,5,6,7,8,9,10}, * p = &a[3],b;

b = p[5];

则 b 的值是_____。

A. 5   B. 6   C. 8   D. 9

8. 指针是把另一个变量的_____作为其值的变量。

9. 能够直接赋值给指针变量的整数是_____。

10. 若某函数原型中,有一个形参被说明成 int * 类型,那么可以与之结合的实参类型可能是_____、_____等。

11. 如果程序中已有定义"int k;",则

(1) 定义一个指向变量 k 的指针变量 p 的语句是_____。

(2) 通过指针变量,将数值 6 赋值给 k 的语句是_____。

(3) 定义一个可以指向指针变量 p 的指向指针的变量 q 的语句是_____。

(4) 通过赋值语句将 q 指向指针变量 p 的语句是_____。

(5) 通过指向指针的变量 q,将 k 的值增加一倍的语句是_____。

12. 以下程序可以实现输入两个数,将其按从小到大的顺序输出,请填空。

```
#include <iostream>
using  namespace std;
void main( )
{
 int m,n, * p = &m, * q = &n, * t;
 cout<<"请输入两个整数:"
cin>>m>>n;
if (m>n)
{
  _____;
  _____;
  _____;
}
cout<<"结果是:";
cout<< * p<<","<< * q<<endl;
}
```

做一做 5

1. 用指针变量计算期末考试的总成绩和平均成绩。

2. 有 10 个人围成一圆圈并顺序编号,从第一个人开始报数(只报 1、2、3、4),凡报到 4 的人退出圆圈,再从 1 开始报数到 4,最后留下的是原来的几号?

3. 编写函数 delstr(str1,str2),从字符串中删除子字符串。要求从键盘输入一个字符串,然后输入要删除的子字符串,输出删除子字符串后的新字符串。

4. 使用指针编写函数 conver(),要求:输入由几个英文单词组成的字符数组,各字符混用大小写,程序执行后,将所有句子的第一个字母都转换成大写,句中的其他字母都为小写。

下篇　面向对象程序设计

项目 6　ATM 机

学习目标：

通过该项目你可以知道：

1. 什么是类，什么是对象
2. 如何通过构造函数和析构函数来初始化对象
3. 友元函数与友元类的使用

通过该项目你能够：

1. 把项目中出现的具有共性的事物抽象成类
2. 通过类中各类函数完成项目功能

6.1　项目情景

C++与 C 语言相比，最大的优点在于它提出了面向对象的思想，面向对象的思想更符合人的思维模式，使程序具有更好的可重用性和可维护性。目前流行的面向对象的程序设计语言还有 C#、Java 等，其面向对象的思想都是一样的。程序是用来解决生活中的实际问题的，而生活中实际存在的是一个个鲜活的事物（对象），其中众多的事物具有相同的特征，它们可以分为一组（类）。

Angie：我们用面向对象的方法设计程序，就要分析程序中的事物有哪些。

Daisy：比如 ATM 机项目中要有银行卡、取款机，还要有人操作。

Angie：那通讯录中，要用到学生、教师……

"Blue Team"接下来的任务就是用面向对象的方法实现 ATM 机。

对于这一系列的任务，他们进行了分工：Angie 负责再次分析 ATM 机，给出 ATM 机中存在的事物。Daisy 负责分析给出的事物，列举它们的共性。Eva 负责 ATM 机的测试。其实他们都参与了每一个环节。

6.2　相关知识

6.2.1　面向对象

1. 面向对象简介

面向对象的方法是从现实世界中客观存在的事物（即对象）出发来构造软件系统，并在系统构造中尽可能运用人类的自然思维方式,强调直接以问题域(现实世界)中的事物为中心来思考问题、认识问题,并根据这些事物的本质特点,把它们抽象地表示为系统中的对象,作为系统的基本构成单位。这可以使系统直接地映射问题域,保持问题域中事物及其相互关系的本来面貌。

2. 面向对象理解

面向对象可以有不同层次的理解。

从世界观的角度可以认为:面向对象的基本哲学是认为世界是由各种各样具有自己的运动规律和内部状态的对象所组成的;不同对象之间的相互作用和通讯构成了完整的现实世界。因此,人们应当按照现实世界这个本来面貌来理解世界,直接通过对象及其相互关系来反映世界。这样建立起来的系统才能符合现实世界的本来面目。

从方法学的角度可以认为:面向对象的方法是面向对象的世界观在开发方法中的直接运用。它强调系统的结构应该直接与现实世界的结构相对应,应该围绕现实世界中的对象来构造系统,而不是围绕功能来构造系统。

3. 面向对象特点

(1) 信息隐藏和封装特性

封装是把方法和数据包围起来,对数据的访问只能通过已定义的界面。面向对象设计始于这个基本概念,即现实世界可以被描绘成一系列完全自治、封装的对象,这些对象通过一个受保护的接口访问其他对象。

(2) 继承

继承是一种类的层次模型,并且允许和鼓励类的重用,它提供了一种明确表述共性的方法。一个新类可以从现有的类中派生,这个过程称为类继承。新类继承了原始类的特性,新类称为原始类的派生类(子类),而原始类称为新类的基类(父类)。派生类可以从它的基类那里继承方法和数据成员,并且类可以修改或增加新的方法和成员使之更适合特定的需要。

(3) 组合特性

组合用于表示类的"整体/部分"关系,如主机、显示器、键盘、鼠标组成一台计算机。

(4) 动态特性

• 抽象

抽象就是忽略一个主题中与当前目标无关的方面,以便更充分地注意与当前目标有关的方面。抽象并不打算了解全部问题,而只是选择其中的一部分,暂时不用其他部分细节。抽象包括两个方面:一是过程抽象,二是数据抽象。

• 多态性

多态性是指允许不同类的对象对同一消息作出响应。多态性语言具有灵活、抽象、行为共享、代码共享的优势,很好地解决了应用程序函数同名问题。

6.2.2 类

1. 类的基本概念

生活当中具有共性的事物,我们通常都会概括成一类来进行描述,当提出某一类时,很容易地在大脑中反映出这个类中的事物都会有什么样的特点、能够做什么样的事,这是人类的一种自然思维模式。用这种思维来编写程序,会更易理解和修改,面向对象就是这样一种方法。那么面向对象中的类是如何定义的呢？

类(class)是对具有共同属性和行为的一类事物的抽象描述。共同属性类似于生活中的同类事物所具有的特点，例如，学生是一个类别，一般可以通过学号、姓名、性别、出生日期、民族这些特点来描述一个学生。面向对象方法中把这些特点称为属性。每个学生有具体的学号、姓名、性别、出生日期、民族，面向对象方法中把这些特点的不同值称为属性值。属性值可以相同，如允许两个学生同名。行为类似于生活中同类事物的行为特点，例如，学生可以有学习、娱乐、休息这些共同的行为特点，面向对象方法中把这些行为特点称为方法。行为特点也允许与别人有所不同，例如，有学生通过打球娱乐，有学生通过上网娱乐。

2. 类的定义

在面向对象的系统中，项目的处理就像现实生活一样，由完成不同任务、实现不同功能的一些对象协作进行，类是用于描述这些对象中性质相同的一组对象的数据结构、操作接口和操作方法的实现。

定义类的一般格式如下：

```
class   类名{
    [private:]
    私有数据成员和成员函数
    protected:
    保护数据成员和成员函数
    public:
    公有数据成员和成员函数
};
```

类由称为属性和方法的两部分成员构成。属性用来描述类的静态特征，用来存储此类对象所具有的数据，体现类或对象在某一时刻的某种状态，又称为数据成员。方法用来描述该类所具有的功能，用来实现对数据成员的运算和操作，体现为任务或功能的处理，用函数实现，又称为函数成员。函数的实现代码既可以写在类体之内，也可以写在类体的外部，但要求必须在类体内对函数成员进行声明。

说明：

(1) public、private、protected 是访问控制符，用于限制特征的可见性。

(2) public 声明的成员可以被任何方法访问，这样的成员被称为公有成员，描述了对象对外的可见属性。根据数据抽象的原理，这个控制符用来声明数据成员不太合适，所以通常只用来声明成员函数，声明的成员函数构成对象的操作接口，即用来完成任务或处理功能。

(3) private 声明的成员只允许本类的方法和友元访问，这样的成员被称为私有成员，描述了对象内部的属性，通常用来实现数据成员，也可以用来声明成员函数。不过由于其"私有"特性，用此控制符声明的函数在类的外部无法访问，所以也只能作为本类中其他函数的辅助。

(4) protected 声明的成员允许本类和其子类的方法访问，这样的成员被称为保护成员，可见性介于 public 和 private 之间。

例 6.1　定义一个简单的钟表类。

```
class Watch   //Watch 是类名
```

```
{
    private:
        int hour,minute,second;    //定义数据成员
    public:
        void setTime(int h,int m,int s);  //声明成员函数
        void showTime();
};
```

这是一个简单的钟表类,通过小时、分钟、秒这三个属性来描述时间,可以设置时间,也可以把时间显示出来。可以看出这个钟表和我们现实生活中的类似,有时、分、秒,可以调整,也可以查看。

试一试:

定义银行卡类,银行卡通常包括卡主姓名、账号、密码、余额等属性,对银行卡最基本的操作就是密码的设置、取款、查询等。

3. 成员函数的定义

类的成员函数描述了类的行为,通过它实现了类的任务,或实现了对封闭数据的处理功能。其是程序算法的实现部分,通常统一放在类定义后面,也可以在定义类的同时直接实现。

定义类的成员函数一般格式如下:

```
返回值类型    类名::函数名(参数表)
{
    函数体
}
```

例 6.2 定义例 6.1Watch 类中设置时间和显示时间的成员函数。

```
void Watch::setTime(int h,int m,int s)
{
    hour = h;
    minute = m;
    second = s;
}
void Watch::showTime()
{
    cout<<hour<<"时"<<minute<<"分"<<second<<"秒"<<endl;
}
```

在函数中直接使用了 Watch 类中的数据成员 hour、minute、second,这是允许的。但需要注意的是,定义成员函数时,要在所定义的成员函数之前加上类名加以限定,类名和成员函数名之间要加上作用域运算符"::"。如果成员函数有返回值,那么还要注意这个返回值类型应与函数声明时的返回值类型相匹配。

试一试:

定义银行卡的成员函数,用以完成密码设置、取款、查询等操作。

4. 类作用域

变量有变量的作用域,函数有函数的作用域,同样也需要了解一下类能够起作用的程序范围,即类的作用域。类由数据成员和成员函数组成,所以类的数据成员和成员函数都从属于该类的作用域。在此作用域中,类数据成员可以直接由该类的所有函数访问,并可以通过它的名称进行引用;在此作用域外,类成员不可以直接使用名称进行引用。

在函数内定义的变量只能由该函数访问,也就是说函数中的变量是一个局部变量。如果函数内变量与类的数据成员同名,那么在此函数的作用域内,函数的局部变量会屏蔽类的数据成员。这种情况下如果想要访问被屏蔽的数据成员,可以使用关键字 this 和－＞运算符。

如果 Watch 类这样定义:

```
class Watch
{
  private:
  int hour,minute,second;
public:
//setTime()中的参数名称与本类数据成员同名
  void setTime(int hour,int minute,int second);
void showTime();
};
```

则 setTime()方法可以定义如下:

```
void Watch::setTime(int hour,int minute,int second)
{
  this->hour = hour;
  this->minute = minute;
  this->second = second;
}
```

6.2.3　对象

我们通过对某种事物的特点和行为进行抽象得到一个类,可并不能用一个类去完成任务的处理,只有这个类中某个具体的事物才能去做事。就如计算机操作员是一个类,具有一些属性和行为,假设它具有打字这种行为能力,但你无法让计算机操作员去打一篇文章,你只能在计算机操作员中指定一个具体的操作员让他去做这个工作,这个具体的操作员称为对象。类是抽象的,而对象是一个具有了类的属性和行为能力,并且在程序运行时真实存在的,真正用于完成任务处理的实体。

C++中,一个类的对象在程序中使用对象声明语句来声明,语法格式如下:

类名　对象名;

例如,声明一个 Watch 类中的钟表对象可以使用语句:

Watch　w1;

其中,Watch 用来说明所声明对象的类型,w1 是所声明的钟表对象的名字或标识符,对象

w1 声明之后就具有了所有 Watch 类的属性和方法,成员属性在声明过程中进行了初始化,具有了确定的属性值,成了一个确定的实体,具有了完成与类行为功能相一致的能力,也就是说这个对象可以进行任务处理了。

面向对象程序设计中处理功能的实现实质上是通过对象的不断创建和消亡,以及对象之间的交互完成的。通常情况下,在系统运行之初,系统中不存在任何的对象,此后随着系统的运行,一个个对象被创建出来,为了完成处理功能,对象之间会有所交互,当一个对象完成其使命之后,就会被系统删除。

除了用上述方法进行对象定义之外,也可以在声明类的同时,直接定义对象,在类定义后直接给出属于该类的对象名表。

```
class Watch
{
private:
    int hour,minute,second;
public:
    void setTime(int h,int m,int s);
    void showTime();
}w2;    //定义类的同时定义对象
```

说明:

(1) 类声明时,只是做了一个类的说明而已,只是定义了一种生成具体对象的"模板",类并不接收和存储具体的值,只有通过类创建的对象才会获得系统所分配的存储空间。

(2) 类声明时定义的对象是一种全局对象,直到整个程序运行结束,它一直存在。在它的生存周期内任何函数都可以使用它,不过这种使用可能只是在短时间内进行,那么它存在的其他时间就造成了浪费。使用时再定义对象的方法可以解决这种缺陷。

对象创建之后就可以使用对象的方法实现程序的处理功能了,语法格式如下:

对象名.方法名(参数表);

例如,设置时间为 10 点零 8 分零 3 秒:

w1. setTime(10,8,3);

如果是通过指向对象的指针访问,语法格式如下:

对象指针名->方法名(参数表);

例如,定义一个指针对象 p,再通过指针调用 showTime()方法显示时间:

```
Watch * p;          //定义一个指针可以指向 Watch 类数据
p = &w1;            //p 指向 w1,这样就可以用 p 来访问 w1
p->showTime();      //与 w1. showTime()是等价的
```

6.2.4 构造函数和析构函数

对象创建之后主要通过两个方面来与其他对象相区别,一个是外在的区别对象名称,另一个区别就是对象自身的属性值,即数据成员的值。像声明变量时需要初始化一样,在声明对象的时候,也需要对相应的属性赋值,称为对象的初始化。对象初始化由特殊的成员函数来完成,这个函数称为构造函数。某些特定的对象使用结束时,还经常需要进行一些清理工作,也是由一个特殊的成员函数完成的,这个函数称为析构函数。

1. 构造函数

在 C++中定义了一种特殊的称为构造函数的初始化函数,当对象被声明或在堆栈中被分配时,这个函数被自动调用来完成对象的初始化。构造函数是一种特殊的函数,它的函数名与类名相同,没有返回值类型和返回值,它只做一件事,就是在对象初始化时给对象的数据成员赋初值。

构造函数的语法格式如下:

```
class  类名
{
public:
数据成员;
类名(形参表); //构造函数
…
};
类名::类名(形参表)
{
    数据成员初始化; //函数体
}
```

例 6.3 Watch 类构造函数简单应用。

```
#include<iostream>
using namespace std;
class Watch
{
private:
    int hour,minute,second;
public:
    void showTime();
    void setTime(int h,int m,int s);
    Watch(int h,int m,int s);
};
Watch::Watch(int h,int m,int s)
{
hour = h;
minute = m;
second = s;
}
void Watch::setTime(int h,int m,int s)
{
    hour = h;
```

```
    minute = m;
    second = s;
}
void Watch::showTime()
{
    cout<<hour<<":"<<minute<<":"<<second<<endl;
}
void main()
{
    Watch w2(20,12,13);
    w2.showTime();
    w2.setTime(10,20,30);
    w2.showTime();
}
```

运行结果如图 6-1 所示。

图 6-1　例 6.3 运行结果

Watch 类构造函数的函数名也为 Watch。数据成员通常通过构造函数对其进行赋初值操作,完成对象的初始化。

说明:

(1) 构造函数名必须与类名相同(包括大小写),否则编译程序将把它作为一般的成员函数进行处理。

(2) 构造函数没有返回值,所以在声明和定义时不能说明它的类型。

(3) 在实际应用中,通常情况下每个类都会有自己的构造函数,如果用户没有编写构造函数,编译系统将自动生成一个缺省的构造函数。

(4) 构造函数不能像其他函数那样被显示调用,它是在创建对象时被自动调用的。

试一试:

定义银行卡构造函数用于完成银行卡的初始化。

2. 拷贝构造函数

拷贝构造函数是一种特殊的构造函数,它由编译器调用,使用已经存在的对象值来实例化另一个新的对象。它的唯一的一个参数,即引用对象是 const 型的,是不可改变的。

C++中,一般在以下三种情况下调用拷贝构造函数。

(1) 使用一个已存在的对象来实例化同类的另一个对象。

(2) 在函数调用中,以值传递的方式传递类对象的拷贝。

（3）对象作为函数的返回值。

以上的情况需要拷贝构造函数的调用。在第一种情况中，由于初始化和赋值的意义不同，所以拷贝构造函数被调用。在后两种情况中，如果不使用拷贝构造函数，就会导致一个指针指向已经被删除的内存空间。

拷贝构造函数的语法格式如下：

```
class　类名
{
public：
类名(形参表);                        //构造函数
类名(类名 & 形参表);                 //拷贝构造函数
…
};
类名::类名(类名 & 对象名)
{
　//函数体
}
```

事实上，拷贝构造函数是由普通构造函数和赋值操作共同实现的。

例 6.4　以学生类为例来看一下拷贝构造函数的用法。

```
#include<iostream>
using namespace std;
#include<string>
class Student
{
private：
    int no;
    string name;
    string bj;
public：
    Student(int n = 1000 ,string na = "某某" ,string b = "计算机应用");
                                        //构造函数
    void ShowStudent();
    Student(Student & stu)              //拷贝构造函数定义
    {
        no = stu.no;
        name = stu.name;
        bj = stu.bj;
    }
};
Student::Student(int n ,string na ,string b)
```

```
{
    no = n;
    name = na;
    bj = b;
}
void Student::ShowStudent()
{
    cout<<"学号:"<<no<<" 姓名:"<<name<<" 班级:"<<bj<<endl;
}
void main()
{
    Student s1;
    s1. ShowStudent();
    Student s2(1001,"张三","计算机网络");
    s2.ShowStudent();
    Student s4 = s2;
    s4.ShowStudent();
    Student s5(s4);
    s5.ShowStudent();
}
```
运行结果如图 6-2 所示。

图 6-2　例 6.4 运行结果

　　如果在类中没有显式地声明一个拷贝构造函数,那么编译器会自动制定一个函数来进行对象之间的拷贝,这个隐含的拷贝构造函数简单地关联了所有的类成员,这个隐式的拷贝构造函数和显式声明的拷贝构造函数在对于成员的关联方式上稍有不同。拷贝构造函数当对象传入函数的时候被隐式调用,拷贝构造函数在对象作为函数值被函数返回的时候也同样地被调用。

3. 析构函数

　　析构函数与构造函数正好相反,是当对象脱离其作用域时(如对象所在的函数已调用完毕)由系统自动执行析构函数,做"清理善后"的工作。例如,在建立对象时用 new 开辟了一片内存空间,应退出前在析构函数中用 delete 释放。

　　析构函数名字也应与类名相同,不过在函数名前面要加上一个符号～,用于与构造函数相区别。析构函数不能带任何参数,也没有返回类型,而且每个类只能有一个析构函数,不能重载。如果用户没有编写析构函数,编译系统会自动生成一个缺省的析构函数,该函数的函数体为空,不进行任何操作。

析构函数的语法格式如下:

```
class  类名
{
public:
~类名();//析构函数
…
     };
类名::~类名()
{
  //函数体
}
```

例 6.5 析构函数的简单应用。

```
#include<iostream>
using namespace std;
#include<string>
class Student
{
private:
    int no;
    string name;
    string bj;
public:
    void ShowStudent();
    Student(int n,string na,string b);
    ~Student();
};
Student::Student(int n ,string na,string b)
{
    no = n;
    name = na;
    bj = b;
}
void Student::ShowStudent()
{
    cout<<"学号:"<<no<<"姓名:"<<name<<"班级:"<<bj<<endl;
}
Student::~Student()
```

```
{
    cout<<no<<"析构函数被调用"<<endl;
}
void main()
{
    Student s1(1001,"张三","计算机网络");
    s1. ShowStudent();
}
```

运行结果如图 6-3 所示。

图 6-3　例 6.5 运行结果

通常情况下,析构函数和构造函数一样由系统在对象撤销时自动调用,不过析构函数也可以同其他成员函数一样由对象进行显示调用。对于定义的非动态对象,当程序执行离开它的作用域时将自动被撤销;对于用 new 定义的动态对象,只有对其执行 delete 操作时才撤销,否则不会自动被撤销。由于撤销对象是在类外进行的,因此所定义的析构函数必须为公用成员函数。

6.2.5　this 指针

this 指针是一种隐含指针,隐含于每个类的成员函数中,是每个成员函数都具有的默认参数,也就是说每个成员函数都有一个 this 指针。this 指针通常在方法内部使用,表示对一个对象的引用,意味着此方法要对被引用的对象进行某种处理。this 指针指向该函数所属类的对象,因此对象也可以通过 this 指针来访问对它自己本身的一个引用,这个对自己引用的方法在编程过程中往往很有用。

成员函数使用 this 访问类中数据成员的一般格式如下:

this−>成员变量

例 6.6　Watch 类当中的 setTime 可以通过 this 指针实现。

```
#include<iostream>
using namespace std;
class Watch
{
private:
    int hour,minute,second;
public:
    void showTime();
```

```
    void setTime(int h,int m,int s);
    Watch(int h,int m,int s);
};
Watch::Watch(int h,int m,int s)
{
    hour = h;
    minute = m;
    second = s;
}
void Watch::setTime(int h,int m,int s)
{
    this->hour = h;
    this->minute = m;
    this->second = s;
}
void Watch::showTime()
{
    cout<<hour<<":"<<minute<<":"<<second<<endl;
}
void main()
{
    Watch w1(20,12,13);
    w1.showTime();
    w1.setTime(8,20,43);
    w1.showTime();
}
```

运行结果如图 6-4 所示。

图 6-4 例 6.6 运行结果

6.2.6 友元函数

类的主要特点之一就是数据封装隐藏,即类的私有成员只能在类内使用,也就是说只有类的成员函数才能访问类的私有成员。但是,有时候在类的外部不可避免地要使用类的私有成员,友元函数就是为了这个目的而引出的。

友元函数是 C++ 中特有的,在其他面向对象的语言中没有,它的作用是使不在这个类中声明的成员函数能够访问这个类的对象的私有成员,实质上是破坏了对象的封装性的。但是,有时候需要在类的外部访问类的私有成员,所以友元函数也是必不可少的。

友元函数是指某些虽然不是类成员却能够访问类的所有成员的函数,类授予它的友元特别的访问权。它可以是一个普通的函数,也可以是其他类的成员函数,甚至可以是整个一个类,虽然它不是要访问类的成员函数,但是它的函数体内可以通过对象名访问类的私有和受保护成员。

在类定义中声明友元函数时,需要在相应函数前加上关键字 friend,此声明可以放在公有部分,也可以放在私有部分;友元函数可以定义在类的内部,也可以定义在类的外部。

友元函数的语法格式如下:

friend <返回类型> <函数名> (<参数列表>);

也可以把一个类定义成另一个类的友元,格式如下:

class c1;

class c2{

　⋮

　　friend class c1;

　};

类 c1 是类 c2 的友元类,其中类 c1 中的所有成员函数均能访问类 c2 中的私有成员。

例 6.7 通过 Watch 类同时显示日期和时间。

```cpp
#include<iostream>
using namespace std;
class Date;    //类的提前引用声明
class Watch
    {
    private:
    int hour,minute,second;
public:
    Watch(int h,int m,int s);    //构造函数
    void display(Date &d);          //成员函数声明
    };
Watch::Watch(int h,int m,int s)
{
    hour = h;
    minute = m;
    second = s;
}
class Date
```

```
    {
        private:
        int year,month,day;
    public:
        Date(int y,int m,int d);
        friend void Watch::display(Date &d);
//将 Watch 类的 display 成员函数声明为本类的友元函数
    };
    Date::Date(int y,int m,int d)
    {
        year = y;
        month = m;
        day = d;
    }
    void Watch::display(Date &d)    //定义 Watch 类的成员函数
    {
        cout<<d.year<<"年"<<d.month<<"月"<<d.day<<"日";
        cout<<hour<<":"<<minute<<":"<<second<<endl;
    }
    void  main()
    {
        Watch t1(8,30,26);
        Date d1(2010,6,2);
        t1.display(d1);
    }
```

运行结果如图 6-5 所示。

图 6-5 例 6.7 运行结果

说明：

（1）Date 里的 year、month、day 是 private 成员，为了能在 Watch 类的 display 中完整显示日期和时间，在 Date 类中将 Watch 类的 display 成员函数声明为友元函数。

（2）说明友元函数时以关键字 friend 开头，后跟友元函数的函数原型，友元函数的说明可以出现在类的任何地方，包括在 private 和 public 部分。

（3）注意友元函数不是类的成员函数，所以友元函数的实现和普通函数一样，在实现时不用"::"指示属于哪个类，只有成员函数才使用"::"作用域符号。

（4）调用友元函数时，在实际参数中需要指出要访问的对象，因为友元函数不是类的成员，所以不能直接引用对象成员的名字，也不能通过 this 指针引用对象的成员，它必须通过作为入口参数传递进来的对象名或对象指针来引用该对象的成员。

（5）类与类之间的友元关系不能继承也不能传递。

6.3 项目解决

大多数人都用过 ATM 机，都知道要使用 ATM 机进行取款或修改密码等银行业务时，有两件东西必不可少：一张银行卡和一台 ATM 机。好多人都有银行卡，一张银行卡至少有卡号、姓名、密码、余额这几个内容才行，而且这些数据为了安全都应该是保密的，可以用类的私有成员来实现。那么除了这几个属性，可能还要对这张卡做一些事，查询余额或是设置密码等，当进行取款操作后，余额还应该实时更新，这些行为可以通过成员函数来分别实现。

1. 定义银行卡类

（1）银行卡类的基本数据成员如表 6-1 所示。

表 6-1 银行卡数据成员列表

成员名称	成员功能	成员名称	成员功能
name	用于存储银行卡卡主姓名	money	用于存储银行卡余额
num	用于银行卡卡号	password	用于存储银行卡密码

（2）银行卡类的基本成员函数如表 6-2 所示。

表 6-2 银行卡成员函数列表

成员名称	成员功能
BankCard(string Name,string Num,float Money,string Password)	构造函数完成银行卡的初始化
GetName()	用于取得卡主姓名
GetNum()	用于取得卡号
GetMoney()	用于取得卡中余额
SetMoney(float m)	用于取款时设置卡中余额
GetPassword()	用于取得卡密码
SetPassword(string pwd)	用于设置卡密码

（3）声明取款机 ATM 类是银行卡的友元类，以完成 ATM 对银行卡的操作。

（4）银行卡类定义参考代码如下：

```
# include<string>
# include<iostream>
using namespace std;
class BankCard
{
```

```
public:
    friend class ATM;
    //ATM 是 BankCard 的友元类,ATM 中的方法可以访问 BankCard 中的私有成员和受
保护成员
     BankCard(string Name,string Num,float Money ,string Password);
    //银行卡构造函数
protected:
    string   GetName();                      //取得银行卡卡主姓名
    string   GetNum();                       //取得银行卡卡号
    float GetMoney();                        //取得银行卡余额
    string   GetPassword();                  //取得银行卡密码
    void SetPassword(string     pwd );       //设置银行卡密码
    void SetMoney(float m);                  //当发生取款时更新银行卡余额
private:
    string   name;                           //银行卡卡主姓名
    string num;                              //银行卡卡号
    float money;                             //银行卡余额
    string   password;                       //银行卡密码
};
```

2. 定义取款机类

要使用 ATM 机进行基本的银行业务,ATM 取款机是必不可少的另一件东西,每一台 ATM 都设有单笔取款的最高额,为了正常取款还应该记录本机器剩余的可用金额是多少,已经输入过几次密码,当前插入的银行卡是哪一张等,这些为了安全应该都是保密的,也通过私有成员来实现。当插入一张银行卡时,在 ATM 机中应该读取银行卡中的账户信息,相当于生成一个银行卡的对象,为了这个目的不得不提供一个可以初始化银行卡的构造函数,如下列代码中的 ATM(BankCard & bc):BankCardAtATM(bc)。欢迎界面、查询、修改密码、取款等操作分别通过成员函数来实现,在查询、修改密码、取款这些操作中,不得不访问银行卡的一些私有成员,为了使一个 ATM 类的成员函数访问银行卡类的私有成员,还应该在银行卡类中把取款机类设为友元类。

(1) 取款机类的基本数据成员如表 6-3 所示。

表 6-3　取款机数据成员列表

成员名称	成员功能
times	记录密码输入次数
totalmoney	记录本机存款总额
leftmoney	记录本机剩余金额
oncemoney	单笔取款最高金额
BankCardAtATM	插入 ATM 机的银行卡

(2) 取款机类的基本成员函数如表 6-4 所示。

表 6-4　取款机成员函数列表

成员名称	成员功能
ATM(BankCard&bc):BankCardAtATM(bc)	构造函数完成取款机与银行卡的初始化
ChangePassword()	通过 ATM 机修改银行卡密码
FetchMoney()	通过 ATM 机在卡中取款
Information()	显示中银行卡信息
ExitATM()	退出系统
FunctionShow()	ATM 功能界面
Lock()	锁卡退出系统

(3) ATM 类定义参考代码如下:

```
class ATM
{
public:
    ATM(BankCard &bc):BankCardAtATM(bc)
    //该构造函数用引用参数 bc 初始化银行卡
    {
        totalmoney = 20000.0;            //本机最高存款
        oncemoney = 5000.0;             //单笔最高取款
        leftmoney = 20000.0;            //本机剩余金额
    }
    void Welcome();                     //ATM 机登录界面
    bool CheckPassword(string  n,string  pwd);   //核对卡号、密码是否正确
    void ChangePassword();              //改密码
    void FetchMoney();                  //取款
    void Information();                 //显示 ATM 中银行卡信息
    void ExitATM();                     //退出系统
    void FunctionShow();                //功能界面
    void Lock();                        //锁卡退出系统
private:
    int times;                          //记录密码输入次数
    float totalmoney;                   //记录本机存款总额
    float leftmoney;                    //记录剩余金额
    float oncemoney;                    //单笔取款最高金额
    BankCard & BankCardAtATM;           //插入 ATM 机的银行卡
};
```

3. 实现 BankCard 类的成员函数

```
BankCard::BankCard(string Name,string Num,float Money,string  Password)
{
```

164

```
    name = Name;

    num = Num;

    password = Password;

    money = Money;

}
string BankCard::GetName()

{

    return name;

}
string  BankCard::GetNum()

{

    return num;

}
float BankCard::GetMoney()

{

    return money;

}
string BankCard:: GetPassword()

{

    return password;

}
void BankCard::SetPassword(string  pwd)

{

    password = pwd;

}
void BankCard::SetMoney(float m)

{

    money = money - m;

}
```

4. 实现 ATM 类的成员函数

```
void ATM::Welcome()//显示欢迎界面

{

    times = 0;

    cout<<" ****** 欢迎使用本 ATM 自动取款机 ******* "<<endl;

    string pwd ,num ;

    do

    {

        cout<<"\n 请输入卡号:";

        cin>>num;
```

```
        cout<<"\n 请输入密码:";
        cin>>pwd;
        if(! CheckPassword(num,pwd))
        {
            cout<<"你输入的卡号、密码不正确,请重新输入"<<endl;
            times++;
        }
        else
            FunctionShow();
    }while(times<3);
    Lock();
}
bool ATM::CheckPassword(string num,string  pwd) //验证密码
{
    if((num==BankCardAtATM.GetNum())&&(pwd==BankCardAtATM.GetPassword()))
        return true;
    else
        return false;
}
void ATM::FunctionShow() //功能界面
{
    int n;
    do
    {
        cout<<endl<<" ****** 请你输入相应的操作序号进行操作 ****** :"<<endl;
        cout<<"\t 修改密码 - - - - - 1"<<endl;
        cout<<"\t 取款 - - - - - - - - - 2"<<endl;
        cout<<"\t 查询余额 - - - - - 3"<<endl;
        cout<<"\t 退出系统 - - - - - 4"<<endl;
        cout<<"请输入选择:";
        cin>>n;
        while(n<1||n>4)
        {
            cout<<"请输入正确的操作序号!"<<endl;
            cout<<"请输入选择:";
            cin>>n;
        }
        switch(n)
```

```
        {
        case 1:ChangePassword();break;
        case 2:FetchMoney(); break;
        case 3:Information();break;
        case 4:ExitATM();break;
        }
    }while(true);
}
void ATM::ChangePassword()  //修改密码
{
    string pwd ,repwd ;
    times = 0;
    do
    {
        cout<<endl<<"请输入旧密码:";
        cin>>pwd;
        if(! CheckPassword(BankCardAtATM.GetNum(),pwd))
            times ++ ;
        else
            break;
    }while(times<3);
    if(times == 3)
        Lock();
    do
    {
        cout<<"请输入新密码:";
        cin>>pwd;
        cout<<"请再输入一遍新密码:";
        cin>>repwd;
        if(   pwd!= repwd )
            cout<<"你输入的两次密码不一样,请重新输入!"<<endl;
    }while(pwd != repwd);
    BankCardAtATM.SetPassword(pwd);
    cout<<"密码修改成功,请牢记!"<<endl;
}
void ATM::FetchMoney()  //取款
{
    float m;
    char ch;
```

```
    do
    {
        cout<<endl<<"你要取多少钱"<<"\n 请输入:"<<endl;
        cin>>m;
        while(m<=0)
        {
            cout<<"请输入正确的数字!"<<endl;
            cout<<"\n 请输入:";
            cin>>m;
        }
        if(BankCardAtATM.GetMoney()-m<0)
            cout<<"对不起,你的余额不足!"<<endl;
        else
            if(m>oncemoney)
                cout<<endl<<"单笔取款超过限制!"<<endl;
            else
                if(m>leftmoney)
                    cout<<endl<<"本机取款余额不足!";
                else
                {
                    cout<<endl<<"操作成功,请收好钱!"<<endl;
                    leftmoney=leftmoney-m;
                    BankCardAtATM.SetMoney(m);
                };
        cout<<"是否要继续该项操作:(Y/N)"<<endl;
        cout<<"请输入:";
        cin>>ch;
        while(ch!='n'&&ch!='N'&&ch!='Y'&&ch!='y')
        {
            cout<<"请输入:";
            cin>>ch;
        }
    }while(ch=='y'||ch=='Y');
}
void ATM::Information()    //银行卡信息显示
{
    cout<<" ************************************************** "<<endl;
    cout<<" * "<<endl;
    cout<<" *       用户姓名:"<<BankCardAtATM.GetName()<<endl;
```

```
    cout<<"*      卡号：     "<<BankCardAtATM.GetNum()<<endl;
    cout<<"*    余额：     "<<BankCardAtATM.GetMoney()<<endl;
    cout<<" ***********************************************"<<endl;
}
void ATM::Lock()
{
    cout<<endl<<"对不起，由于你的操作有误，你的卡已经被没收!"<<endl;
    exit(1);
}
void ATM::ExitATM()
{
    cout<<endl<<"感谢你对本银行的支持，欢迎下次光临!"<<endl;
    cout<<"请取卡"<<endl;
    exit(0);
}
```

备注：方法 exit(int status)用于退出正在运行的程序，exit(0)通常用于正常退出，exit(1)通常用于非正常退出。

5. 测试

```
#include "atm.h"
void main()
{
    BankCard bc1("许华","sddz123456",30000,"******");//创建一个银行卡
  ATM atm(bc1);//创建一个ATM自动取款机并把卡c1插入ATM
  atm.Welcome();//登录ATM进行操作
}
```

运行结果如图 6-6 所示。

看到程序运行起来，很是令"Blue Team"兴奋，问题终于解决了，写写自己的过程与发现吧!

小记录：

　　该项目所用方法与前面的项目最大的区别是_____；在解决该项目时遇到的最大的难题是什么？你是如何解决的？

_____

_____

_____

_____

在编译过程也出现了_____个问题，解决方法如下：

_____

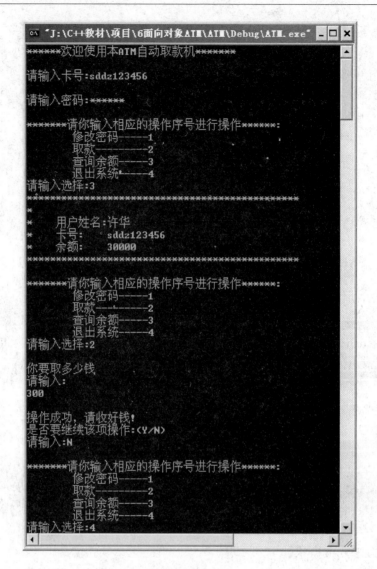

图 6-6　运行结果

6.4　知识拓展

对象的数据成员可能是公有的或私有的,除了特别的友元函数外,只能是本对象中的 public 或 private 类函数可以访问,也就是说对象的数据成员,只在此对象的范围之内是有意义的。但是,有时可能需要一个或多个公共的数据成员,让类的所有对象可以共享,C＋＋中可以通过静态的数据成员和成员函数来实现。

6.4.1　静态数据成员

定义静态的数据成员的关键字是 static。静态数据成员仅在程序开始执行时创建和初始化一次,初始化必须在类外的其他地方,不能在类中,因为在类中没办法给它分配内存空间。

一般在主函数 main()开始之前,类声明之后的特殊地方为它提供定义和初始化,缺省时静态成员被初始化为零。

类外初始化静态数据成员的语法格式如下:

数据类型 类名::静态数据成员 = 值;

例 6.8　通过静态数据成员统计学生人数。

```cpp
#include<iostream>
using namespace std;
#include<string>
class Student{
    static int sum;//声明静态数据成员,用来统计学生的总数
    private:
    int sno;
    string name;
    string bj;
    public:
        Student(string na,string b);
        void print();
};
Student::Student(string na,string b)
    {
        sum++;    //每创建一个学生对象,学生总数加 1
        sno = sum; //赋值为当前学生的学号
        name = na;
        bj = b;
    }
void Student::print()
    {
        cout<<"Student"<<sno<<"   ";
        cout<<"name"<<name<<"   ";
        cout<<"class"<<bj<<"   ";
        cout<<"sum = "<<sum<<endl;
    }
int Student::sum = 0;//给静态数据成员 sum 赋初值
void main()
{
    Student s1("张三","计算机网络");
    s1. print();
```

171

```
    Student s2("李四","计算机网络");
    Student s3("王五","计算机网络");
    s3. print();
    s2. print();
    s1. print();
}
```

运行结果如图 6-7 所示。

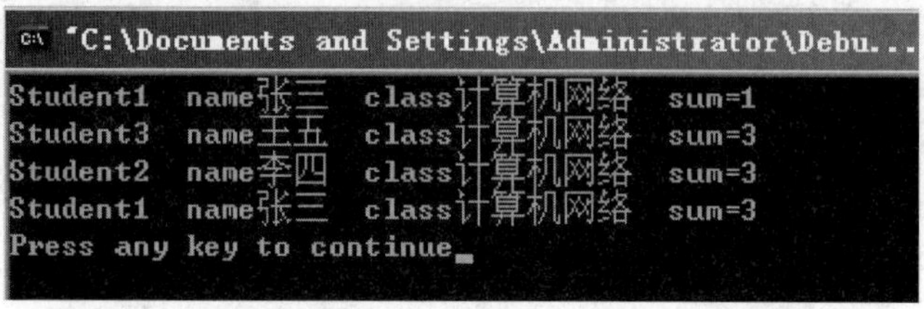

图 6-7　例 6.8 运行结果

　　从例 6.8 可以看出,sum 是一个用于计数的静态数据成员,被所有的学生对象所共享,每创建一个学生对象值就加 1。计数的初始化工作放在了类定义之后、主方法之前。计数统计工作放在了构造函数中,每次创建学生对象时系统都会自动调用构造函数,从而计数值加 1。从运行结果可以看出,除了第一次输出时学生数为 1,后面的 3 次输出结果均相同,也就是说所有对象的 sum 只有一个。

　　说明:

　　(1) 静态数据成员属于类,也就是属于这个类的所有对象,而不是专属于某一对象的,因此可以使用“类名::”方式访问静态的数据成员。

　　(2) 静态数据成员和静态变量一样,是在编译时创建并初始化,在该类没有建立任何对象之前就已经存在了,在程序内部不依赖于任何对象被访问。

6.4.2　静态成员函数

　　定义静态成员函数的关键字也是 static。同样的静态成员函数也是属于整个类,可以被这个类的所有对象所共享,不专属于某一个对象。

　　静态成员函数是一个成员函数,因此不能像使用普通函数那样使用它,可以使用“类名::”对它作限定,也可以通过对象进行调用。静态成员函数是静态的,不属于特定对象,静态成员函数通常用来处理静态数据成员或全局变量。

　　调用静态成员函数的方法如下:

　　类名::静态成员函数名();

　　例 6.9　在例 6.8 的基础上用静态成员函数显示静态数据成员。

```
#include<iostream>
using namespace std;
#include<string>
class Student{
    static int sum;//声明静态数据成员,用来统计学生的总数
```

```
        private:
        int sno;
        string name;
        string bj;
        public:
            Student(string na,string b);
            void print();
            static void showsum();
};
int Student::sum = 0;//给静态数据成员 sum 赋初值
Student::Student(string na,string b)
{
        sum++;    //每创建一个学生对象,学生总数加1
        sno = sum;//赋值为当前学生的学号
        name = na;
        bj = b;
}
void Student::print()
{
        cout<<"Student"<<sno<<"   ";
        cout<<"name"<<name<<"   ";
        cout<<"class"<<bj<<endl;
}
void Student::showsum()
{
        cout<<"sum = "<<sum<<endl;
}
void main()
{
        Student s1("张三","计算机网络");
        Student s2("李四","计算机网络");
        Student s3("王五","计算机网络");
        s1. showsum();
        s2. showsum();
        Student::showsum();
}
```

说明:

(1) 非静态成员函数可以访问静态数据成员和静态成员函数,但是静态成员函数不能访问非静态数据成员或非静态成员函数。

（2）该例中下面的三条语句是等价的,其结果都是 sum＝3。

```
s1.showsum();
s2.showsum();
Student::showsum();
```

6.5　做得更好

"Blue Team" Meeting

初识面向对象的他们除了惊喜之外,还有少许的紧张、不解。在 C++中使用面向对象的方法设计程序首先要将问题域中的事物抽象成"类",分析出"类"的静态特点——数据成员与动态特点——成员函数。然后做一实例,也就是定义该类的对象让它动起来,以完成指定的任务。

Angie:现实世界是由一个个真实的事物组成的。

Daisy:事物与事物之间存在一定的联系。

Eva:具有共同特点的事物可抽象成类。

Angie:面向对象中最基本的两个概念就是"类"与"对象"。

他们需要对"面向对象"进行更加深入的了解和认识。

"Blue Team"小组接下来的任务是改进当前的 ATM 项目,以增加对面向对象思想的认识。

你对改进 ATM 项目有什么想法呢? ＿＿＿＿＿＿＿＿＿＿＿

＿＿＿＿＿＿＿＿＿＿＿＿＿＿＿＿＿＿＿＿

＿＿＿＿＿＿＿＿＿＿＿＿＿＿＿＿＿＿＿＿

6.6　你知道吗

C/C++软件工程师发展前景

与 JAVA 和.Net 相比,C/C++是一种应用范围更广、运作效率更高的编程语言。软件开发行业一直流传着一句话:没有学过 C/C++,就不是真正的程序员,没有掌握 C/C++编程技术,就等于没有抓住通向国际一流企业的敲门砖。因此,C/C++是程序员的骄傲,是成为一名优秀程序员所必备的知识底蕴和素养。

1. C/C++技术应用广泛,掌握 C/C++技术是通往一流企业的敲门砖。

目前,C/C++技术在很多行业应用广泛,如网络、通信、图像、游戏、桌面等,它也是目前唯一适应多方面需求的编程语言。C/C++适用于 Windows 程序设计,PC 游戏、嵌入式等软件开发,在软件编程领域,几乎没有 C/C++软件工程师不能解决的问题。主流的三种操作系统 Windows、Linux、Unix 内核部分都是用 C/C++语言和汇编语言写的,上层高级特性也是用 C/C++写的。它的实时性、灵活性是其他的编程语言无可比拟的。正是由于这些原因,各类企业对 C/C++软件工程师的需求持续升温。国际上许多著名的企业,像

IBM、HP 等，都将 C/C++作为优秀程序员的必备软件语言要求，是招聘员工的基本参考。

2．C/C++软件工程师职业发展前景广，市场抢手。

在中国的 IT 软件人才市场上目前最火的还是 JAVA 软件工程师和 C/C++软件工程师，JAVA 软件工程师位于职位需求之首，但从 2008 年下半年开始，根据三大专业招聘网站公布的 IT 企业招聘岗位数量统计反映，C/C++软件工程师的企业需求呈上升趋势，人才需求发展处于坚挺状态。

3．C/C++软件人才稀缺严重，薪资水平逐年升高。

权威部门统计，我国目前 C/C++软件开发人才缺口每年为 10 万人左右，未来随着信息化、数据化不断发展，这一数字还将成倍增长。很难想象，如果这一问题得不到解决，软件产业未来将面临怎样的危机。正是因为 C/C++软件人才的严重稀缺，C/C++软件工程师的薪资水平有逐年递增的趋势。

据调查，初、中级 C/C++软件开发工程师的年薪目前为 5 万～15 万元，高级软件工程师则高达 15 万～30 万元。市场最紧缺的 C/C++技术总监或项目总监年薪更高。C/C++软件工程师的年薪与 JAVA 软件工程师和.NET 软件工程师的年薪相比一般平均要高 2 万～3 万。据专家预测，C/C++软件工程师是未来几年最热门和最受欢迎的职业之一。

想一想 6

1．什么是面向对象？面向对象的思想与面向过程的思想相比有哪些优点？

2．什么是构造函数？什么是拷贝构造函数？两者之间有什么关系？

3．什么是友元函数？友元函数的主要作用是什么？它有什么缺点？

做一做 6

使用面向对象的方法实现学生成绩管理系统。

要求：完成基本的学生成绩输入、输出，输出成绩最高的学生信息，统计不合格学生信息，根据学生的平均成绩设置学生的奖学金等级并输出。

提示：学生类为了完成成绩管理需要具有各门课程成绩数据成员，除此之外还需要一个记录奖学金的数据成员，并根据学生的平均成绩按比例设置奖学金级别。

项目7　师生通讯录

学习目标：

通过该项目你可以知道 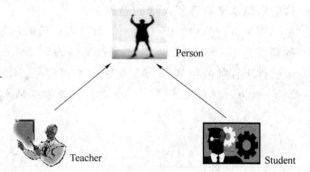：

1. C++中单继承的实现方式
2. C++中多继承的实现方式
3. 派生类构造函数与析构函数的定义
4. 多态的含义
5. 如何用函数重载实现多态
6. 如何用虚函数实现多态

通过该项目你能够 ✌ ：

1. 通过继承实现代码重用，提高编程效率
2. 通过函数重载实现多态
3. 通过虚函数实现多态

7.1　项目情景

"Blue Team" Meeting

Angie：在 ATM 中将银行卡插入 ATM 取款机，在正确的操作下完成了一定的功能。

Daisy：生活中的类不是孤立存在的。

Eva：类与类之间有着千丝万缕的关系。

Angie：比如教师类和人类是有关系的。

Daisy：学生类和人类也是有关系的。

Eva：他们都是人类呀，有着人类所共有的一些属性，如"姓名"、"年龄"等。

最后他们决定做这样一件事情，假设在一个通讯录系统中有教师与学生，设计人类，在人类的基础上设计教师类与学生类，尽可能地提高代码的可重用性，完成教师与学生对象最基本的显示操作。

他们即将面对的是 C++面向对象三大特点之一——继承。

7.2　相关知识

继承是面向对象思想的三大特点之一,它在很大程度上支持程序代码的可重用性。继承可以使程序设计人员在原有类的基础上,很快建立一个新类,而不必从零开始。

1. 基类与派生类

继承的例子在生活中比比皆是。如图 7-1 所示,人类派生出学生类、教师类、工人类等,学生类又派生出大学生类、研究生类等。我们也可以说教师类继承了人类,其中教师类可以称为人类的派生类(子类),人类可以称为是教师类的基类(父类),这种关系是相对的。学生类既是人类的派生类,又是大学生类的基类。每一个类仅有一个基类,这种继承称为单继承。

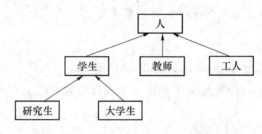

图 7-1　人类继承关系图

生活中还有另外一种情况,一个新类的产生是在两个或两个以上基类的基础上派生出来的,如图 7-2 所示,这种继承关系称为多继承。

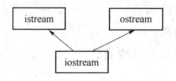

图 7-2　文件流类继承关系图

2. 派生类定义

单一继承派生类的定义格式如下:

class　派生类名 : 继承方式　基类名

{

　　　派生类新增加的数据成员

　　　派生类新增加的成员函数

};

例 7.1　以人类为基类派生出学生类。

```
class Person  //定义基类
{
private:
```

```
        string name;
        int age;
        char sex;
        public:
        Person(string n,int a,char s);
        void show_p();
};

class Student : public   Person //定义派生类
{
private:
        int no;
        string bj;        派生类中新增加的数据成员
public:
Student(string n,int a,char s,int n2,string b);
        void show_s();//派生类中新增加的成员函数
};
```

说明:

(1) 在已有类的基础上派生出新类时在派生类中可以:

① 增加新的数据成员;

② 增加新的成员函数;

③ 重新定义基类中已经有的函数;

④ 改变现有成员的访问权限;

⑤ 派生类成员包括基类成员和新增成员。

(2) 继承方式有如下三种:

① public;

② protected;

③ private。

(3) 其他:

① 构造函数不能够继承;

② 析构函数不能够继承。

思考:Student 类中有哪些数据成员和成员方法?

3. 继承方式

派生类继承了基类中除构造函数和析构函数之外的所有成员,但根据不同的继承方式,其成员在派生类的访问权限也相应地发生了变化,其继承方式与成员访问权限变化规则如表 7-1 所示。

表 7-1 继承方式与成员访问权限变化规则

在基类中的访问权限	继承方式	在派生类中的访问权限
private		private(不可使用)
protected	public	protected
public		public
private		private(不可使用)
protected	protected	protected
public		protected
private		private(不可使用)
protected	private	private
public		private

说明：

（1）private 成员仅在本类中可以使用。

（2）public 继承成员的访问权限不变。

（3）protected 继承除 private 成员，其他成员的访问权限都变为 protected。

（4）private 继承成员的访问权限都变为 private。

4. 派生类构造函数

由于派生类构造函数不能够继承，所以在定义派生类构造函数时除了对新增数据成员进行初始化外，还必须调用基类的构造函数，使基类数据成员得以初始化。

派生类构造函数的格式如下：

派生类名(派生类构造函数总参数表)：基类构造函数(参数表 1)，子对象名(参数 2)

```
{
派生类新增数据成员初始化
}
```

说明：

（1）总参数表包括基类构造函数参数、子对象构造函数参数和派生类构造函数参数。

（2）在定义派生类构造函数时，参数表 1 和参数表 2 是参数名称列表。

（3）派生类构造函数的调用顺序如下：

① 调用基类构造函数；

② 如果存在子对象，调用子对象类的构造函数；

③ 调用派生类构造函数。

例 7.2 在例 7.1 派生类定义的基础上定义派生类 Student 的构造函数。

```
Student::Student(string n,int a,char s,int n2,string b):Person(n,a,s)
{
no = n2;
bj = b;
}
```

5. 派生类析构函数

析构函数和构造函数一样不能被继承,在派生类中定义析构函数与在一般类(无继承关系)中定义的方法相同。

派生类中析构函数的调用顺序与构造函数相反。先调用派生类析构函数,如果存在子对象调用子对象类的析构函数,最后调用基类的析构函数。

例 7.3 派生类中析构函数简单应用。

```cpp
#include<iostream>
#include<string>
using namespace std;
class Person
{

private:
string name;
public:
Person(string n)
{
    name = n;
}
void show()
{
    cout<<name<<endl;
}
~Person()   //基类中的析构函数
{
    cout<<"基类 Person 类析构函数被执行"<<endl;
}
};
class Teacher:public Person
{
private:
string tno;
public:
Teacher(string n,string tn):Person(n)
{
    tno = tn;
}
void show()
{
```

```
        Person::show();
}
～Teacher()//派生类析构函数与一般类定义方法相同
{
        cout<<"派生类 Teacher 类的析构函数被执行"<<endl;
}
};
void main()
{
Teacher t("张老师","1001");
t.show();
}
```

运行结果如图 7-3 所示。

图 7-3 例 7.3 运行结果

7.3 项目解决

使用面向对象的方法建立师生通讯录管理系统,该系统中存在的实体对象有学生和教师,他们具备一些共同的属性和方法。假设对于学生类命名为 Student,教师类命名为 Teacher。

(1) 由于 Student 与 Teacher 都具有姓名、性别等属性,都要完成对这些属性的显示,因此定义 Person 类作为他们的基类。

```
class Person
{
private:
        string name;
        int age;
        char sex;
        string tel;
public:
        Person(string n,int a,char s,string t);
```

```
    void show_p();
};
```

（2）在 Person 的基础上增加学生特有的属性（学号、班级）产生新类 Student 类，增加教师特有的属性（职工号、科室）产生新类 Teacher 类。

① 定义派生类 Student

```
class Student:public Person
{
private:
    int sno ;//学号
    string bj;//班级
public:
    Student(string n,int a,char s,string t,int sn,string b);
    void show_s();
};
```

Student 类中数据成员共 6 个，其中 4 个是由 Person 继承来的，2 个是自己新增加的。

② 定义派生类 Teacher

```
class Teacher:public Person
{
private :
    int tno;//教职工号
    string office;//科室
public:
    Teacher(string n,int a,char s,string t,int tn,string of);
    void show_t();
};
```

有了 Person，我们设计 Student 和 Teacher 是不是省了不少力气呀?!

（3）定义类的成员方法如下。

```
Person::Person(string n,int a,char s,string t)
    {
    name = n;
    age = a;
    sex = s;
    tel = t;
    }
void Person::show_p()
{
    cout<<"姓名\t 年龄\t 性别\t 电话\n";
    cout<<name<<"\t"<<age<<"\t"<<sex<<"\t"<<tel<<endl;
}
```

```
//定义派生类 Student 的构造函数
Student::Student(string n,int a,char s,string t,int sn,string b):Person(n,a,
s,t)
    {
        sno = sn;
        bj = b;
    }
void Student::show_s()
{
        show_p();
        cout<<"学号\t 班级\n";
        cout<<sno<<"\t"<<bj<<endl<<endl;
}
//定义派生类 Teacher 的构造函数
Teacher::Teacher(string n,int a,char s,string t,int tn,string of):Person(n,a,
s,t)
        {
            tno = tn;
            office = of;
        }
void Teacher::show_t()
{
        show_p();
        cout<<"职工号\t 科室\n";
        cout<<tno<<"\t"<<office<<endl<<endl;
}
```

由于构造函数不能继承,所以其编写有些复杂。构造函数最主要的任务是完成类中数据成员的初始化,这样才能生产一个真实的对象。计算机将通过执行 Person 类构造成函数和 Student 类的构造函数而生产出一个具体的 Student 对象。

说明:

① 以上类的定义与成员函数的定义建议存放在一个文件中,如 addlist.h。

② 由于用到 string 类型,要使用 #include <string>。

(4) 编写主函数,定义对象运行系统。

```
#include<iostream>
#include "addlist.h"
using namespace std;
void main()
{
    Student st("张三",20,'F',"13853491234",1001,"计算机应用");
```

```
    Teacher te("李老师",40,'M',"13853494321",3007,"计算机应用技术教研究室");
    st.show_s();
    te.show_t();
}
```

(5) 运行结果如图 7-4 所示。

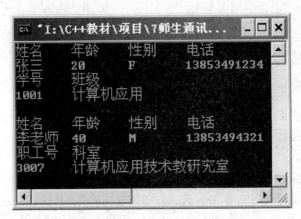

图 7-4　运行结果

看到程序运行起来,很是令"Blue Team"兴奋,问题终于解决了,写写自己的心得与发现吧!

小记录:

在解决这个问题的过程中遇到的最大难题是什么? 你是如何解决的?

_____

_____

_____

大发现:

_____

_____

7.4　知识拓展

7.4.1　多继承

多继承是单继承的扩展。在多继承中派生类是由两个或两个以上的基类派生出来的。派生类与每一个基类的关系仍可看做一个单继承。

1. 多继承派生类定义

定义格式如下:

```
class  派生类名:继承方式 1 基类 1,继承方式 2 基类 2
{
```

　　派生类新增数据成员和成员函数

};

说明：

(1) 此格式说明为两个基类，实际应用可扩展到 $n(n>2)$ 个。

(2) 继承方式同单一继承，有三种：public、protected、private。

(3) 构造函数、析构函数不能继承。

2. 多继承派生类构造函数定义

定义格式如下：

派生类名(派生类构造函数总参数表)：基类构造函数 1(参数表 1)，基类构造函数 2(参数表 2)，子对象名(参数 3)

{

　　派生类新增数据成员初始化

}

说明：

(1) 此格式说明为两个基类，实际应用可扩展到 $n(n>2)$ 个。

(2) 与单一继承的不同点是增加了"基类构造函数 2(参数表 2)"，用以完成对另外一个基类的初始化。

(3) 构造函数的执行顺序如下。

① 所有基类的构造函数，各基类构造函数的执行顺序由定义派生类时基类的顺序决定。

② 如果存在子对象，则执行子对象构造函数。

③ 执行派生类构造函数。

例 7.4　定义日期时间类由日期类与时间类派生，使用构造函数完成数据成员的初始化。

(1) 定义基类日期类 date.h。

```
class Date
{
private：
  int year;
  int month;
  int day;
public：
  Date(int y,int m,int d);
  void showDate();
};
Date：:Date(int y,int m,int d)
{
  year = y;
  month = m;
```

```
    day = d;
  }
void Date::showDate()
  {
    cout<<"年"<<year<<"月"<<month<<"日"<<day<<endl;
  }
```

(2) 定义基类时间类 time.h。

```
class Time
  {
    int hour;
    int minute;
    int second;
  public:
    Time(int h,int m,int s);
    void showTime();
  };
//添加成员方法的定义
Time::Time(int h,int m,int s)
  {
    hour = h;
    minute = m;
    second = s;
  }
void Time::showTime()
  {
    cout<<"时"<<hour<<"分"<<minute<<"秒"<<second<<endl;
  }
```

(3) 定义派生类日期时间类 datetime.h。

```
#include "date.h"
#include "time.h"
class DateTime : public Date,public Time
  {
//添加新的数据成员
  //添加新成员方法
  public:
    DateTime(int y,int m,int d,int h,int mi,int s) :Date(y,m,d),Time(h,mi,s)
    {
    }
```

```
  void showDateTime();
};
void DateTime::showDateTime()
{
  showDate();
  showTime();
}
```

（4）编写主函数，定义对象让系统运行起来。

```
#include<iostream>
using namespace std;
#include "datetime.h"
void main()
{
    DateTime d(2011,3,30,8,27,30);
    d.showDateTime();
}
```

说明：

（1）派生类 DateTime 的定义。

```
class DateTime : public Date, public Time
{ };
```

基类出现的顺序是先 Date 再 Time，这决定了在构造函数调用时先执行 Date 类的构造函数，再执行 Time 类的构造函数。

（2）每个基类都有自己的派生方式，Date 和 Time 虽然具有相同的 public 派生方式，但 public 均不能省略。

（3）派生类 DateTime 构造函数定义。

```
DateTime(int y,int m,int d,int h,int mi,int s):Date(y,m,d),Time(h,mi,s)
{
}
```

该构造函数中有 6 个参数，y、m、d 用来初始化 Date 中的数据成员，h、mi、s 用来初始化 Time 中的数据成员。该派生类没有新增数据成员。

7.4.2　二义性

在继承中一个派生类的成员包括了它的所有基类的成员（除构造函数与析构函数），在这个新成立的大家庭（派生类）中，存在同名成员的现象（比如两个人的名字都是 Rose）是不奇怪的。当我们叫 Rose 时等待的是两个 Rose，这种访问的不唯一性和不确定性在 C++ 中称为二义性。那么在家庭之中（派生类内）或在家庭之外（派生类外）我们如何区分他们，以解决二义性呢？

二义性归根结底是多继承中同名成员惹的祸。

1. 基类中存在同名成员

```
class  A
{ protected：
         int  Rose；
public：A(int a){ Rose = a; }
         ….
};
class  B
{ protected：
         int  Rose；
public：B(int a){ Rose = a; }
         …
};
class  C：public  A, public  B //公有继承  A 和 B
{        int  y；
public：
         void SetRose(int a) {  Rose = a; }
…
};
```

在基类 A、B 中存在同名成员 Rose,在派生类 C 中访问 Rose,不确定该 Rose 是 A 的还是 B 的,就出现了二义性。解决此类二义性的方法是在成员的前面加上类名,用以唯一确定该成员。在类 C 中我们可以这样访问 Rose。

```
class  C：public  A, public  B //公有继承  A 和 B
{        int  y；
public：
         void SetRose(int a) {  A：：Rose = a; }
…
};
```

或

```
class  C：public  A, public  B //公有继承  A 和 B
{        int  y；
public：
         void SetRose(int a) {  B：：Rose = a; }
…
};
```

或

```
class  C：public  A, public  B //公有继承  A 和 B
{        int  y；
public：
```

```
                    void SetARose(int a) {   A::Rose = a; }
                    void SetBRose(int a) {   B::Rose = a; }


...
};
```
思考：

(1) 目前派生类 C 中有几个成员，分别是什么？

(2) C++是否允许这种继承？
```
    class  A
    {};
    class  B:public A,public A
    {};
```

2. 基类与派生类出现同名成员

当基类和派生类出现同名成员时，默认情况下访问的是派生类中的成员。如果访问基类中成员，可以通过加类名方式来访问。
```
class  A
{ protected：
            int   Rose;
public：A(int a){ Rose = a; }
        ...
};
class  B： public  A
{           int   Rose;
public：
            void SetRose(int a) {   Rose = a; }
...
};
```
派生类 B 的成员方法 SetRose()中访问的 Rose，默认情况下指的是派生类 B 中的成员 Rose。若要访问基类 A 中的 Rose，可以加类名限定，即 A::Rose。

3. 访问共同基类的成员时可能出现二义性
```
class  A
{ public：
            int   Rose;
public：A(int a){ Rose = a; }
        ...
};
class  B1：public  A
{         };
class  B2：public  A
{         };
```

```
class  C: public   B1,public B2
{          int   y;
public:
          void SetRose( int a) { Rose = a; }
...
};
```

B1 由 A 继承 Rose 成员,B2 也由 A 继承 Rose 成员,在派生类 C 中访问 Rose 时,不确定是访问 B1 的 Rose 还是 B2 的 Rose,出现了二义性。也可以通过在 Rose 前加类名的方式进行限定,即 B1::Rose 和 B2::Rose。

思考:B1 中的 Rose 与 B2 中的 Rose 是否相同? 在派生类中 Rose 成员有几个?

类 A 是派生类 C 两条继承路径上的一个公共基类,因此这个公共基类中的成员会在派生类 中产生两份基类成员。如果要使这个公共基类在派生类中只产生一份基类成员,则需要将这个基类设置为虚基类。

7.4.3 虚基类

引进虚基类的目的是解决二义性问题,使公共基类中的成员在其派生类中只产生一份基类成员。

虚基类说明格式如下:

virtual <继承方式><基类名>

例 7.5 虚基类的简单应用。

```
#include<iostream>
using namespace std;
class A
{
public:
  int Rose;   //公共基类中的 Rose
  void SetRose(int a)
  {Rose = a;}
  int GetRose()
  {
    return Rose;
  }
};
class B1 : virtual public A   //A 为 B1 的虚基类
{
};
class B2:virtual   public A   //A 为 B2 的虚基类
{
};
class C:public B1,public B2 //C 由 B1、B2 派生
```

```
{
    int y;
public:
    void Sety(int a)
    {
        y = a;
    }
    int   Gety()
    {
        return y;
    }
    void SetRose(int a)
    {
        Rose = a;        //虚基类解决了 Rose 的二义性问题
    }
    int GetRose()
    {
        return Rose;    //虚基类解决了 Rose 的二义性问题
    }
};
void main()
{
    A   a;
    a.SetRose(20);
    cout<<a.GetRose()<<endl;
    C c;
    c.Sety(30);
    cout<<c.Gety()<<endl;
    c.SetRose(40);    //基类与派生类中都有 SetRose()默认情况下访问派生类中 Se-
tRose()方法
    cout<<c.GetRose()<<endl;    //访问派生类中 GetRose()方法
}
```

该应用程序中四个类的关系层次 DAG 图如图 7-5 所示。

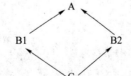

图 7-5　例 7.5 中类的 DAG 图

试一试：

将 virtual 关键字去掉再编译程序，结果如何？

7.4.4　多态

面向对象的三大特点是封装、继承与多态。多态是生活中普遍存在的一种现象。在 C++中多态是指同一段程序能够处理多种类型或对象的能力；指当不同的对象收到相同的消息时，产生不同的动作。

C++的多态性具体体现在编译和运行两个方面，程序编译时多态性体现在函数和运算符的重载上，而在程序运行时的多态性通过继承和虚函数来体现。

1. 函数重载

在 C++语言中，如果在声明函数原型时形式参数的个数或者对应位置的类型不同，两个或更多的函数就可以共用一个名字。这种在同一作用域中允许多个函数使用同一函数名的措施被称为重载(overloading)。函数重载是 C++程序获得多态性的途径之一。

在 C++中实现函数的重载首先要求重载函数的名字相同，其次重载函数的形式参数个数不同或者类型不同。

例如，函数 float area(float r) 用来计算圆的面积，函数 float area(float a, float b)用来计算长方形的面积，这两个函数为重载函数，其函数名字都为 area，前者形式参数有一个，后者形式参数有两个。当函数调用为 area(3.2)时，系统会根据函数参数的个数调用函数 area(float r)。

例 7.6　给出以下程序的运行结果。

```
int square(int x)
{
return x * x;
}
double square(double y)
{
return y * y;
}
main()
{
    cout<<square(2)<<endl;
    cout<<square(1.5)<<endl;
    return 0;
}
```

运行结果：

4

2.25

说明：

(1) 函数 int square(int x)和 double square(double y)的函数名字相同,参数个数相同,

参数类型不同,实现了函数重载。

(2) 执行 square(2)时,根据实参 int 类型调用函数 int square(int x)。

(3) 执行 square(1.5)时,根据实参 double 类型调用函数 double square(double y)。

例 7.7　实现求圆和矩形的周长。

```
#include<iostream>
using namespace std;
#define  PI   3.14
double length(float r)//用 length(  )求圆的周长
{
  return 2 * PI * r;
}
double length(float x,float y)//用 length(  )求矩形的周长
{
  return 2 * (x + y);
}
void main()
{
float a,b,r;
cout<<"输入圆半径:";
cin>>r;
cout<<"圆周长:"<<length(r)<<endl;
cout<<"输入矩形长和宽:";
cin>>a>>b;
cout<<"矩形周长:"<<length(a,b)<<endl;
}
```

说明:

(1) 函数 double length(float r)和 double length(float x,float y)的函数名相同,参数个数不同,实现函数重载。

(2) 执行 length(r)时根据实参个数为 1 调用函数 double length(float r)。

(3) 执行 length(a,b)时根据实参个数为 2 调用函数 double length(float x,float y)。

思考:

判断以下两组函数是否能正确地实现函数重载?

(1) void print(int a);

　　void print(int a,int b);

　　int print(float a[]);

(2) int f(int a);

　　double f(int a);

2. 派生类指针

指向基类和派生类的指针是相关的。在例 7.1 中由基类 Person 派生出类 Student。如

果有如下语句：

```
Person    * p ;              // 指向类型 Person 的对象的指针
Person   Person_obj ;       // 类型 Person 的对象
Student    Student _obj ;   // 类型 Student 的对象
p = & Person_obj ;          // p 指向类型 Person   的对象
```

指向基类 Person 类的指针 p 可以指向其派生类,即可以执行如下语句：

```
p = & Student _obj ;        // p 指向类型 Student 的对象,它是 Person 的派生类
```

利用 p,可以通过 Student_obj 访问所有从 Person_obj 继承的元素 ,但不能用 p 访问 Student_obj 自身特定的元素(除非用了显式类型转换)。

说明：

(1) 可以用一个指向基类的指针指向其公有派生类的对象,但却不能用指向派生类的指针指向一个基类对象。

(2) 希望用基类指针访问其公有派生类的特定成员,必须将基类指针用显式类型转换为派生类指针,如((Student ＊)p)−＞ show_s();。

(3) 一个指向基类的指针可用来指向从基类公有派生的任何对象,这一事实非常重要,它是 C++实现运行时多态的关键途径。

3. 虚函数

虚函数是在基类中冠以关键字 virtual 的成员函数。它提供了一种接口界面。虚函数可以在一个或多个派生类中被重定义。

例 7.8　分析运行结果。

```cpp
# include<iostream>
# include<string>
using namespace std;
class Father
{
public：
    virtual void who()
    {
        cout<<"我是父亲"<<endl;
    }
};
class Daughter:public Father
{
public：
    void who()
    {
        cout<<"我是女儿"<<endl;
    }
};
```

```
class Son:public Father
{
public:
    void who()
    {
    cout<<"我是儿子"<<endl;
    }
};
void main()
{
    Father * p,f;
    Daughter d;
    Son   s;
    p = &f;
    p - >who();
    p = &d;
    p - >who();
    p = &s;
    p - >who();
}
```

运行结果如图 7-6 所示。

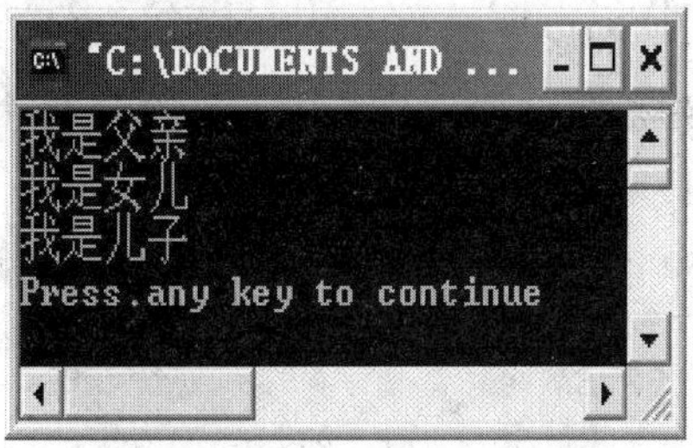

图 7-6　例 7.8 运行结果

说明：

（1）基类中 who()函数前如果加上 virtual,则该函数为虚函数。

（2）基类 Father 中的 who()函数在派生中进行重新定义。

（3）指向基类的指针 p 可以指向其派生类。

（4）指针 p 所指对象不同而调用不同版本的 who()函数时,就实现了运行时的多态,这种机制的实现依赖于在基类中把成员函数 who()说明为虚函数。

试一试：

把基类中 virtual 去掉,结果如何？ 是否还能实现多态？

一旦一个函数在基类中第一次声明时使用了 virtual 关键字,那么,当派生类重新定义该成员函数时,无论是否使用了 virtual 关键字,该成员函数都将被看做一个虚函数。

在派生类重定义虚函数时必须有相同的函数原型,包括返回类型,函数名、参数个数、参数类型的顺序必须相同。虚函数必须是类的成员函数,不能为全局函数,也不能为静态函数。不能将友元说明为虚函数,但虚函数可以是另一个类的友元。析构函数可以是虚函数,但构造函数不能为虚函数。

思考:

虚函数与重载函数有什么区别?(建议上网查找更多关于虚函数与重载函数的知识)

4. 纯虚函数与抽象类

在许多情况下,在基类中不能给出有意义的虚函数定义,这时可以把它说明成纯虚函数,把它的定义留给派生类来做。

说明纯虚函数的一般格式如下:

```
class 类名
{
    virtual  返回值类型 函数名(参数表) = 0;
};
```

纯虚函数是一个在基类中说明的虚函数,它在基类中没有定义,要求任何派生类都定义自己的版本。纯虚函数为各派生类提供一个公共界面。由于纯虚函数所在的类中没有它的定义,在该类的构造函数和析构函数中不允许调用纯虚函数,否则会导致程序运行错误。但其他成员函数可以调用纯虚函数。

如果一个类中至少有一个纯虚函数,那么这个类被称为抽象类(abstract class)。抽象类中不仅包括纯虚函数,也可包括虚函数。抽象类中的纯虚函数可能是在抽象类中定义的,也可能是从它的抽象基类中继承下来且重定义的。

抽象类有一个重要特点,即抽象类必须用做派生其他类的基类,而不能用于直接创建对象实例。抽象类不能直接创建对象的原因是其中有一个或多个函数没有被定义,但仍可使用指向抽象类的指针支持运行时多态性。

例7.9 设计抽象类 Shape,定义纯虚函数 len()求周长,分别在三角形类 Tran 和圆类 Cir 中实现该方法。

shap.h 文件如下:

```
class Shape
{
public:
    virtual void len() = 0;  //在基类抽象类中定义纯虚函数 len()
};
class Tran:public Shape
{
private:
    double a,b,c;
public:
    Tran(double a1,double b1,double c1)
```

```
    {
        a = a1;
        b = b1;
        c = c1;
    }
    void len()　//在派生类 Tran 中重新定义 len()
    {
        cout<<"三角形的周长是 "<<a + b + c<<endl;
    }
};
class Cir:public Shape
{
private:
    double r;
public:
    Cir(double r1)
    {
        r = r1;
    }
    void len()　//在派生类 Cir 中重新定义 len()
    {
        cout<<"圆形的周长是 "<<2 * 3.14 * r<<endl;
    }
};
```

test. cpp 文件如下：

```
# include<iostream>
# include "shap. h"
using namespace std;
void main()
{
    Shape  * p;
    Tran   t(3.0,4.0,5.0);
    Cir   c(2.0);
    p = &t;  //指向三角形
    p->len();  //求三角形周长
    p = &c;  //指向圆
    p->len();  //求圆的周长
}
```

运行结果如图 7-7 所示。

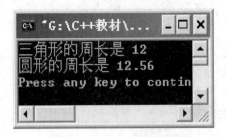

图 7-7　例 7.9 运行结果

7.5　做得更好

"Blue Team" Meeting

这段时间 Blue Team 既忙碌又充实,同时也在享受着面向对象思想带给他们的喜悦。C++用 class 实现了封装,让数据更加安全;用继承大大提高了代码重用;用重载函数和虚函数实现了多态。C++面向对象思想很人性,很懂生活。其实这只是一个基础,更精彩的内容在 C♯ 和 Java 中会有更深入的探讨。

Angie:还记得我们前面项目中的 show_p()、show_t()和 show_s()吗?

Daisy:它们不是用来显示人、教师、学生信息的函数吗?

Eva:都是用来显示信息的,却用了 3 个名字,太麻烦了!

Angie:那我们就让它变得简单吧。使用虚函数机制来实现信息的显示,并用统一的方法调用显示。

7.6　你知道吗

1. 冒险鸭——水路两用车

世界各大海岸水港城市正在流行水陆两栖旅游,新加坡、澳大利亚、美国都有一种既能当车又能当船的两栖旅游工具。

"冒险鸭"(Adventure Duck)是国际正在流行、国内唯一的水陆两栖巴士,来自澳大利亚黄金海岸,源于二战时期的军事登陆艇。车船一体,亦车亦船,既能在陆地行驶,又能在海上行走。最令人期待的是,它能带你开始一段俯冲入海、浪花四溢、水陆转换的魔幻过程。因此,很多人不知道该叫它车还是船。这个新生事物(派生类)既有车(基类)的特点,又有船(基类)的特点。

2011 年 5 月 5 日下午两点,国内首辆水陆两用巴士"冒险鸭"在青岛奥帆中心首次试水。

2. C++编程技巧:使公有继承体现"是一个"的含义

在《*Some Must Watch While Some Must Sleep*》(W. H. Freeman and Company, 1974)一书中,William Dement 讲了一个故事,故事说的是他如何让学生们记住他的课程中最重要的部分。他告诉他的学生,"一般的英国学生除了记得 Hastings 战役发生在 1066 年外,再也不记得其他历史。""如果一个小孩不记得别的历史"Dement 强调说,"也一定记得 1066 这个日子"。但对于他班上的学生来说,只有很少一些话题可以引起他们的兴趣,如安眠药会引起失眠之类。所以他哀求他的学生,即使忘掉他在课堂上讲授的其他任何东西,也要记住那些仅有的几个重要历史事件。而且,他在整个学期不停地对学生灌输这一基本观点。

学期结束时,期末考试的最后一道题是:"请写下你从课程中学到的一辈子都会记住的东西。"当 Dement 评改试卷时,他大吃一惊。几乎所有学生都写下了"1066"。

所以,在这里笔者也以极度颤抖的声音告诉你,C++面向对象编程中一条重要的规则是:公有继承意味着"是一个"。一定要牢牢记住这条规则。

当写下类 D("Derived")从类 B("Base")公有继承时,你实际上是在告诉编译器(以及读这段代码的人):类型 D 的每一个对象也是类型 B 的一个对象,但反之不成立。你是在说,B 表示一个比 D 更广泛的概念,D 表示一个比 B 更特定的概念;你是在声明,任何可以使用类型 B 的对象的地方,类型 D 的对象也可以使用,因为每个类型 D 的对象是一个类型 B 的对象。相反,如果需要一个类型 D 的对象,类型 B 的对象就不行,每个 D "是一个" B,但反之不成立。

C++采用了公有继承的上述解释。例如:

```
class Person {…};
class Student: public Person {…};
```

从日常经验中我们知道,每个学生是人,但并非每个人是学生。这正是上面的层次结构所声明的。我们希望,任何对"人"成立的事实(如都有生日),也对"学生"成立;但我们不希望,任何对"学生"成立的事实(如都在某一学校上学)也对"人"成立。人的概念比学生的概念更广泛,学生是一种特定类型的人。

如果有 Person p;Student s;,则语句 p=s;是正确的,语句 s=p;是错误的。

7.7 更多知识参考

大家论坛→开发语言→C/C++模块 http://club.topsage.com/thread-2224359-1-1.html

想一想 7

1. 生活中有哪些继承的例子？

2. 构造函数和析构函数可以继承吗？派生类构造函数各部分的执行次序是怎样的？

3. 如果类 α 继承了类 β，则类 α 称为 ＿＿(1)＿＿ 类，而类 β 称为 ＿＿(2)＿＿ 类。＿＿(3)＿＿ 类的对象可作为 ＿＿(4)＿＿ 类的对象处理，反过来不行，因为 ＿＿(5)＿＿。如果强制转换，则要注意 ＿＿(6)＿＿。

4. 一个派生类只有一个直接基类的情况称为 ＿＿(1)＿＿，而有多个直接基类的情况称为 ＿＿(2)＿＿。

5. C++中多态性包括两种多态性：＿＿(1)＿＿ 和 ＿＿(2)＿＿。前者是通过 ＿＿(3)＿＿ 实现的，而后者是通过 ＿＿(4)＿＿ 和 ＿＿(5)＿＿ 来实现的。

6. 在基类中将一个成员函数说明成虚函数后，在其派生类中只要 ＿＿(1)＿＿、＿＿(2)＿＿ 和 ＿＿(3)＿＿ 完全一样就认为是虚函数，而不必再加关键字 ＿＿(4)＿＿。如有任何不同，则认为是 ＿＿(5)＿＿ 而不是虚函数。除了非成员函数不能作为虚函数外，＿＿(6)＿＿、＿＿(7)＿＿ 和 ＿＿(8)＿＿ 也不能作为虚函数。

做一做 7

1. 建立抽象类 Person，然后派生出 Teacher 和 Student。定义虚函数实现教师评优与学生评优。

教师评优规则：当年发表论文数超过 3 篇。

学生评优规则：均分大于等于 90 分。

2. 建立抽象类 Shape，然后派生出 Tran(三角形)和 Cir(圆形)。定义虚函数实现两种图形面积的计算。

项目 8   自制多功能计算器

学习目标：

通过该项目你可以知道：

1. 运算符怎样重载

2. 函数模板和类模板怎样创建

3. 怎么处理程序中的异常情况

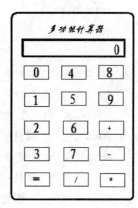

通过该项目你能够：

1. 重载运算符，创建模板，处理异常

2. 编写并运行一个多功能计算器程序

8.1   项目情景

"Blue Team" Meeting

Angie：这里有一个计算器程序，你们看。

```cpp
#include<iostream>
using namespace std;
int Add(int x,int y)
{
    return x + y;
}


int Sub(int x,int y)
{
    return x - y;
}


int Mul(int x,int y)
{
    return x * y;
```

```
    }

    int Div(int x,int y)
    {
        return x/y;
    }
    void main()
    {
        inta,b,sel;
        do
        {
        cout<<"\n\n****** 计算器 ********* \n";
        cout<<"\t 加法----------1"<<endl;
        cout<<"\t  整数加法 - 10"<<endl;
        cout<<"\t 减法----------2"<<endl;
        cout<<"\t  整数减法 - 20"<<endl;
        cout<<"\t 乘法----------3"<<endl;
        cout<<"\t  整数乘法 - 30"<<endl;
        cout<<"\t 除法----------4"<<endl;
        cout<<"\t  整数除法 - 40"<<endl;
        cout<<"\t 退出----------0"<<endl;
        cout<<"请输入选择:";
        cin>>sel;
        switch(sel)
        {
        case 10:
            cout<<"输入两个整数:";
            cin>>a>>b;
            cout<<a<<" + "<<b<<" = "<<Add(a,b)<<endl;
            break;
        case 20:
            cout<<"输入两个整数:";
            cin>>a>>b;
            cout<<a<<" - "<<b<<" = "<<Sub(a,b)<<endl;
            break;
        case 30:
            cout<<"输入两个整数:";
            cin>>a>>b;
            cout<<a<<" * "<<b<<" = "<<Mul(a,b)<<endl;
```

```
        break;
    case 40：
        cout<<"输入两个整数：";
        cin>>a>>b;
        cout<<a<<"/"<<b<<" = "<<Div(a,b)<<endl;
        break;
    case 0：
        exit(1);
    }
    }while(1);
}
```

该程序仅能完成整型数据的加减乘除。

Daisy：现在看来这个程序简直太简单了。

Angie：好吧。那你增加 float 型数据的加、减、乘、除运算。

Daisy 二话没说，就在程序中添加了如下的代码。Eva 在思考为什么拿出这样一个简单的程序。

在下面的代码中，加底纹部分是 Daisy 刚刚添加的。

```
#include<iostream>
using namespace std;
int Add(int x,int y)
{
    return x + y;
}


int Sub(int x,int y)
{
    return x - y;
}


int Mul(int x,int y)
{
    return x * y;
}


int Div(int x,int y)
{
    return x/y;
}
```

```
float Add(float x,float y)
{
    return x + y;
}

float Sub(float x,float y)
{
    return x - y;
}

float Mul(float x,float y)
{
    return x * y;
}

float Div(float x,float y)
{
    return x/y;
}
```

```
void main()
{
    int a,b;
    float c,d;
    do
    {
    cout<<"\n\n ****** 计算器 ********* \n";
    cout<<"\t 加法-----------1"<<endl;
    cout<<"\t   整数加法 - 10"<<endl;
    cout<<"\t   实数加法 - 11"<<endl;
    cout<<"\t 减法-----------2"<<endl;
    cout<<"\t   整数减法 - 20"<<endl;
    cout<<"\t   实数减法 - 21"<<endl;
    cout<<"\t 乘法-----------3"<<endl;
    cout<<"\t   整数乘法 - 30"<<endl;
    cout<<"\t   实数乘法 - 31"<<endl;
    cout<<"\t 除法-----------4"<<endl;
    cout<<"\t   整数除法 - 40"<<endl;
```

```cpp
            cout<<"\t  实数除法-41"<<endl;
        cout<<"\t退出----------0"<<endl;
        cout<<"请输入选择:";
        cin>>sel;
        switch(sel)
        {
        case 10:
            cout<<"输入两个整数:";
            cin>>a>>b;
            cout<<a<<" + "<<b<<" = "<<Add(a,b)<<endl;
            break;
        case 11:
            cout<<"输入两个实数:";
            cin>>c>>d;
            cout<<c<<" + "<<d<<" = "<<Add(c,d)<<endl;
            break;
        case 20:
            cout<<"输入两个整数:";
            cin>>a>>b;
            cout<<a<<" - "<<b<<" = "<<Sub(a,b)<<endl;
            break;
        case 21:
            cout<<"输入两个实数:";
            cin>>c>>d;
            cout<<c<<" - "<<d<<" = "<<Sub(c,d)<<endl;
            break;
        case 30:
            cout<<"输入两个整数:";
            cin>>a>>b;
            cout<<a<<" * "<<b<<" = "<<Mul(a,b)<<endl;
            break;
        case 31:
            cout<<"输入两个实数:";
            cin>>c>>d;
            cout<<c<<" * "<<d<<" = "<<Mul(c,d)<<endl;
            break;
        case 40:
            cout<<"输入两个整数:";
```

```
        cin>>a>>b;
        cout<<a<<"/"<<b<<" ="<<Div(a,b)<<endl;
        break;
    case 41：
        cout<<"输入两个实数：";
        cin>>c>>d;
        cout<<c<<"/"<<d<<" ="<<Div(c,d)<<endl;
        break;
    case 0：
        exit(1);
    }
    }while(1);
}
```

Angie瞥了一眼程序,慢条斯理地说:"再加一个 double 型的加、减、乘、除运算。"

Daisy刚想把手放在键盘上开始敲键盘,突然停住了。此时 Eva 也若有所思……

一个真正实用的计算器能够完成很多不同数据类型的运算,难道我们就这样一个一个地写下去,即使全部写出,其维护和修改也是相当麻烦的。

Angie:你们看这些方法仅类型不同,其他的都是相同的,就像是榨果汁,放进去的是苹果就是榨苹果汁,放进去的是柠檬就是榨柠檬汁。

Daisy:我们需要一个"榨汁机"。

Eva:"榨汁机"来了。

爱思考的 Eva 在他们讨论的时候自己带着问题上网找答案了,其实她说的"榨汁机"就是 C++中的模板。有了模板可以大大减少重复代码的编写。

8.2　相关知识

模板是 C++支持参数化多态的工具,使用模板可以使用户为类或者函数声明一种一般模式,使得类中的某些数据成员或者成员函数的参数、返回值取得任意类型。

1. 模板的概念

所谓模板,是一种使用无类型参数产生一系列函数或类的机制,是 C++的一个重要特性。它的实现方便了更大规模的软件开发。

若一个程序的功能是对某种特定的数据类型进行处理,则可以将所处理的数据类型说明为参数,以便在其他数据类型的情况下使用,这就是模板的由来。模板是以一种完全通用的方法来设计函数或类,而不必预先说明将被使用的每个对象的类型。通过模板可以产生类或函数的集合,使它们操作不同的数据类型,从而避免需要为每一种数据类型产生一个单独的类或函数。

例如,设计一个求两参数最大值的函数,不使用模板时需要定义 4 个函数:

```
int max(int a,int b){return(a>b)? a,b;}
```

```
long max(long a,long b){return(a>b)? a,b;}
double max(double a,double b){return(a>b)? a,b;}
char max(char a,char b){return(a>b)? a,b;}
```

若使用模板,则只定义一个函数:

```
Template<class T>
T max(T a,T b)
{return(a>b)? a,b;}
```

C++程序由类和函数组成,模板也分为类模板(class template)和函数模板(function template)。在说明了一个函数模板后,当编译系统发现有一个对应的函数调用时,将根据实参中的类型来确认是否匹配函数模板中对应的形参,然后生成一个重载函数。该重载函数的定义体与函数模板的函数定义体相同,称为模板函数(template function)。同样,在说明了一个类模板之后,可以创建类模板的实例,即生成模板类。

2. 函数模板的定义

重载函数通常基于不同的数据类型实现类似的操作。如果对不同数据类型的操作完全相同,那么,用函数模板实现更为简洁、方便。C++根据调用函数时提供参数的类型,自动产生单独的目标代码函数即模板函数来正确地处理每种类型的调用。

函数模板的一般形式如下:

```
template <class 参数 1,class 参数 2,…>
函数返回类型 函数名(形参表)
{
//函数定义体
}
```

说明:

(1) template 是一个声明模板的关键字。

(2) 表示声明一个模板的关键字 class 不能省略,它不表示类定义。

(3) 如果类型形参多于一个 ,每个形参前都要加 class,<类型 形参表>可以包含基本数据类型,也可以包含类类型。

例 8.1　函数模板简单应用。

```
#include <iostream>
using namespace std;
template <class T>
T min(T x,T y)
{
return(x<y)? x:y;
}
void main( )
{
    int n1 = 2,n2 = 10;
    double d1 = 1.5,d2 = 5.6;
```

```
    cout<<"较小整数:"<<min(n1,n2)<<endl;
    cout<<"较小实数:"<<min(d1,d2)<<endl;
}
```

运行结果如图 8-1 所示。

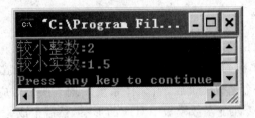

图 8-1　例 8.1 运行结果

说明:

(1) main()函数中定义了两个整型变量 n1、n2,然后调用 min(n1, n2)时,即实例化函数模板 T min(T x, T y),其中 T 为 int 型,求出 n1、n2 中的最小值。

(2) main()函数中定义了两个双精度类型变量 d1、d2,然后调用 min(d1,d2)时,即实例化函数模板 T min(T x, T y),其中 T 为 float 型,求出 d1、d2 中的最小值。

3. 类模板

类模板和函数模板类似,为类定义一个灵活多样的模式,从而避免了编写大量的、因数据类型不同而不得不重新编写的类。

定义一个类模板如下:

template < class 参数 1,class 参数 2,…>

class 类名{

//类定义体…

};

说明:

(1) template 是声明各模板的关键字,表示声明一个模板,模板参数可以是一个,也可以是多个。

(2) class 表示其后面的参数用于指定模板的一个统一类型,不表示类定义。

(3) 参数 1、参数 2、…,其中每个参数都表示某种类型的临时代号。

例 8.2　定义一个类模板并应用。

```
#include <iostream>
using namespace std;
template <class T>
class Point
{
    private:
        T a,b;
    public:
        Point(T a1,T b1)
        {
```

```
            a = a1;
            b = b1;
        }
        void showPoint()
        {
            cout<<"横坐标:"<<a<<endl;
            cout<<"纵坐标:"<<b<<endl;
        }
};
void main()
{
    Point<int> p1(3,4);
    p1.showPoint();
    Point <double> p2(2.8,5.9);
    p2.showPoint ();
}
```

8.3 项目解决

用模板知识设计多功能计算器,实现基本数据类型数据的加、减、乘、除。

1. 定义加、减、乘、除函数模板

```
template <class T>//定义加法函数模板
T Add(T x,T y)
{
    return x + y;
}
template <class T>//定义减法函数模板
T Sub(T x,T y)
{
    return x - y;
}
template <class T>//定义乘法函数模板
T Mul(T x,T y)
{
    return x * y;
}
template <class T>//定义除法函数模板
T Div(T x,T y)
{
```

```
        return x/y;
}
```

2. 使用模板完成加、减、乘、除运算

```
void main()
{
    int a,b;
    float c,d;
    char e,f;
    int sel;
    do
    {
    cout<<"\n\n****** 多功能加法器 ********* \n";
    cout<<"\t 加法-----------1"<<endl;
    cout<<"\t    整数加法－10"<<endl;
    cout<<"\t    实数加法－11"<<endl;
    cout<<"\t    字符加法－12"<<endl;
    cout<<"\t 减法-----------2"<<endl;
    cout<<"\t    整数减法－20"<<endl;
    cout<<"\t    实数减法－21"<<endl;
    cout<<"\t    字符减法－22"<<endl;
    cout<<"\t 乘法-----------3"<<endl;
    cout<<"\t    整数乘法－30"<<endl;
    cout<<"\t    实数乘法－31"<<endl;
    cout<<"\t    字符乘法－32"<<endl;
    cout<<"\t 除法-----------4"<<endl;
    cout<<"\t    整数除法－40"<<endl;
    cout<<"\t    实数除法－41"<<endl;
    cout<<"\t    字符除法－42"<<endl;
    cout<<"\t 退出-----------0"<<endl;
    cout<<"请输入选择：";
    cin>>sel;
    switch(sel)
    {
    case 10:
        cout<<"输入两个整数：";
        cin>>a>>b;
        cout<<a<<" +"<<b<<" = "<<Add(a,b)<<endl;
        break;
    case 11:
        cout<<"输入两个实数：";
```

```
            cin>>c>>d;
            cout<<c<<"+"<<d<<"="<<Add(c,d)<<endl;
            break;
    case 12:
            cout<<"输入两个字符:";
            cin>>e>>f;
            cout<<e<<"+"<<f<<"="<<Add(e,f)<<endl;
    case 20:
            cout<<"输入两个整数:";
            cin>>a>>b;
            cout<<a<<"-"<<b<<"="<<Sub(a,b)<<endl;
            break;
    case 21:
            cout<<"输入两个实数:";
            cin>>c>>d;
            cout<<c<<"-"<<d<<"="<<Sub(c,d)<<endl;
            break;
    case 22:
            cout<<"输入两个字符:";
            cin>>e>>f;
            cout<<e<<"-"<<f<<"="<<Sub(e,f)<<endl;
    case 30:
            cout<<"输入两个整数:";
            cin>>a>>b;
            cout<<a<<"*"<<b<<"="<<Mul(a,b)<<endl;
            break;
    case 31:
            cout<<"输入两个实数:";
            cin>>c>>d;
            cout<<c<<"*"<<d<<"="<<Mul(c,d)<<endl;
            break;
    case 32:
            cout<<"输入两个字符:";
            cin>>e>>f;
            cout<<e<<"*"<<f<<"="<<Mul(e,f)<<endl;
    case 40:
            cout<<"输入两个整数:";
            cin>>a>>b;
            cout<<a<<"/"<<b<<"="<<Div(a,b)<<endl;
            break;
```

```
    case 41:
        cout<<"输入两个实数:";
        cin>>c>>d;
        cout<<c<<"/"<<d<<" = "<<Div(c,d)<<endl;
        break;
    case 42:
        cout<<"输入两个字符:";
        cin>>e>>f;
        cout<<e<<"/"<<f<<" = "<<Div(e,f)<<endl;
    case 0:
        exit(1);
    }
    }while(1);
}
```

项目运行效果如图 8-2 所示。

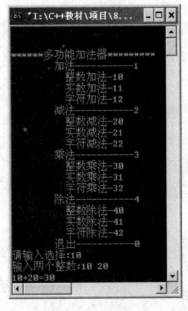

图 8-2 运行效果图

小记录:

你在程序编译过程中发现_____个错误,错误内容如下:

_____

_____

_____

_____

大发现：

8.4　知识拓展

8.4.1　运算符重载

C++语言允许程序员重新定义已有的运算符,使其能按用户的要求完成一些特定的操作,这就是所谓的运算符重载。

运算符重载与函数重载相似,其目的是设置某一运算符,让它具有另一种功能,尽管此运算符在原先 C++语言中代表另一种含义,但他们彼此之间并不冲突。

C++会根据运算符的位置辨别应使用哪一种功能进行运算。

1. 运算符重载的格式

用成员函数重载运算符的一般格式为

函数返回值类型 operator 运算符(0 个参数或者 1 个参数){…}

用友元函数重载单目运算符的一般格式为

函数返回值类型 operator 运算符(class 类型 参数 1){…}

用友元函数重载双目运算符的一般格式为

函数返回值类型 operator 运算符(类型 参数 1,类型 参数 2){…}

例 8.3　运算符"+"的重载。

```
#include<iostream>
#include "ThreeD.h"
using namespace std;
void main()
{
  ThreeD a(0,0,0);
  ThreeD b(1,2,3);
  ThreeD c(5,6,7);
  a=b+c;
  cout<<"该对象的值 x="<<a.x<<" y="<<a.y<<"  z="<<a.z<<endl;
}
//ThreeD.h 代码如下：
class ThreeD
{
public：
```

```
    ThreeD()
    {
    x = 0;y = 0;z = 0;
    }
ThreeD(int i,int j,int k)
{
x = i;y = j;z = k;}
ThreeD operator + (ThreeD d);

    int x;
    int y;
    int z;
};
ThreeD ThreeD::operator + (ThreeD d)//重载＋号运算符实现两个对象相加
{
ThreeD t;
t.x = x + d.x;
t.y = y + d.y;
t.z = z + d.z;
return t;
}
```

运行结果如图 8-3 所示。

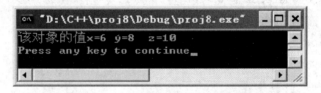

图 8-3　例 8.3 运行结果

从程序可以看出,a＝b＋c 是正确的,因为 a、b、c 是 ThreeD 类的对象,在 ThreeD 类中已经重载了"＋"运算符,因此可以直接使用,就像一般加法一样简单。

　　例 **8.4**　重载运算符"＜＜"。

```
＃include＜iostream＞
using namespace std;
＃include＜string＞
class Person
{
private:
string name;
int age;
```

```
public：
Person(string n,int a)
{
    name = n；
    age = a；
}
//形式参数 ex 是输出流类对象的引用
friend ostream& operator<<(ostream & ex,Person & p)
{
    ex<<"姓名："<<p.name<<"年龄："<<p.age；
    return ex；
}
};
void main()
{
    Person p("张三",20)；
    cout<<p；
    cout<<endl；
}
```

说明：

(1) 因为重载了"<<"运算符，程序可以使用 cout<<p 输出一个对象。

(2) 除<<和>>运算符不能用成员函数重载外，其余运算符都可以。

思考：

如何丰富多功能计算器的功能，实现两个复数的加、减、乘、除运算？

2. 关于运算符重载的说明

(1) 哪些运算符可以用作重载

几乎所有的运算符都可用作重载，具体如表 8-1 所示。

表 8-1 可以重载的运算符列表

算术运算符	+ − * / % ++ −−
位操作运算符	& | ~ ^ << >>
逻辑运算符	&& || !
比较运算符	< > >= <= == !=
赋值运算符	= += −= *= /= %= &= |= ^= <<= > >=
其他运算符	[] () −> ,(逗号运算符) new delete new[] delete[] −>*

下列运算符不允许重载：

. .* :: ?： sizeof

(2) 运算符重载后，优先级和结合性如何？

用户重新定义运算符，不改变原运算符的优先级和结合性。这就是说，对运算符重载不改变运算符的优先级和结合性,并且运算符重载后,也不改变运算符的语法结构,即单目运算符只能重载为单目运算符,双目运算符只能重载为双目运算符。

(3) 重载运算符有哪些限制?

不可臆造新的运算符。必须把重载运算符限制在 C++语言中已有的运算符范围内、允许重载的运算符之中。

重载运算符坚持 4 个"不能改变":

- 不能改变运算符操作数的个数;
- 不能改变运算符原有的优先级;
- 不能改变运算符原有的结合性;
- 不能改变运算符原有的语法结构。

8.4.2 异常

在编写程序时,应该考虑确定程序可能出现的错误,然后加入处理错误的代码。也就是说,在环境条件出现异常情况下,不会轻易出现死机和灾难性的后果,而应有正确合理的表现。这就是异常处理。C++提供了异常处理机制,它使得程序出现错误时,力争做到允许用户排除环境错误,继续运行程序。

1. 异常的概述

程序的错误,一种是编译错误,即语法错误。如果使用了错误的语法、函数、结构和类,程序就无法被生成运行代码。另一种是在运行时发生的错误,它分为不可预料的逻辑错误和可以预料的运行异常。

运行异常可以预料,但不能避免,它是由系统运行环境造成的。例如,内存空间不足,而程序运行中提出内存分配申请时得不到满足,就会发生异常。

2. 异常的基本思想

在小型程序中一旦发生异常,一般是将程序立即中断运行,从而无条件释放所有资源。对于大型程序来说,运行中一旦发生异常,应该允许恢复和继续运行。

恢复的过程就是把产生异常所造成的恶劣影响去掉,中间可能涉及一系列的函数调用链的退栈、对象的析构、资源的释放等。继续运行就是异常处理之后,在紧接着异常处理的代码区域中继续运行。

3. 使用异常的步骤

(1) 定义异常(try 语句块) 将那些可能产生错误的语句框定在 try 语句中。

(2) 定义异常处理(catch 语句块)。

(3) 将异常处理的语句放在 catch 块中,以便异常被传递过来时就处理它。

(4) 抛掷异常(throw 语句)。

(5) 检测是否产生异常,若产生异常,则抛掷异常。

例 8.5 一个除数是零的异常。

```cpp
#include<iostream>
using namespace std;
void main()
{
```

216

```
int x,y = 10;
cin>>x;
try
{
    if(x == 0) throw x;
    y = y/x ;
    cout<<y<<endl;
}
catch(int x)
{
    cout<<"除数为零,除法无效!"<<endl;
}
}
```

思考:

如何在多功能计算器中加入异常处理机制,使计算器能处理除数为"零"的情况?

8.5 做得更好

"Blue Team" Meeting

对于"多功能计算器"我们使用模板已经完成了基本数据类型的加、减、乘、除运算,接下来可以从以下方面来完善它。

(1)增加功能。增加如复数等复杂数据类型的运算。

(2)增加异常处理机制。当程序的运行出现异常时能恰当地处理异常。

(3)改进界面。目前我们的程序都是控制台应用程序,如果想实现窗口编程的话,可以使用 VC++6.0 中 MFC 编程……

8.6 你知道吗

Scott Meyers:世界顶级的 C++ 软件开发技术权威之一。他是《*Effective C++*》和《*More Effective C++*》两本畅销书的作者,以前曾经是 C++ Report 的专栏作家。他经常为 C/C++ Users Journal 和 Dr. Dobb's Journal 撰稿,也为全球范围内的客户作咨询活动。他同时是 Advisory Boards for NumeriX LLC 和 InfoCruiser 公司的成员,拥有 Brown University 的计算机科学博士学位。

8.7 更多知识参考

2007 国家级网络精品课程 C++高级语言程序设计 http://www.scutde.net/Courses/course_10/index.html

想一想 8

1. 抽象类和模板都是提供抽象的机制,请分析它们的区别和应用场合。

2. 关于函数模板,描述错误的是_____。

A. 函数模板必须由程序员实例化为可执行的函数模板

B. 函数模板的实例化由编译器实现

C. 一个类定义中只要有一个函数模板,则这个类是类模板

D. 类模板的成员函数都是函数模板,类模板实例化后,成员函数也随之实例化

3. 下列的模板说明中,正确的是_____。

A. template < typename T1, T2 >

B. template < class T1, T2 >

C. template < class T1, class T2 >

D. template (typename T1, typename T2)

4. 假设有函数模板定义如下:

template <class T>

Max(T a, T b, T &c)

    { c = a + b ; }

下列选项正确的是_____。

A. int x, y; char z ;   B. double x, y, z ;
     Max(x, y, z) ;   Max(x, y, z) ;

C. int x, y; float z ;   D. float x; double y, z ;
     Max(x, y, z) ;   Max(x, y, z) ;

5. 关于类模板,描述错误的是_____。

A. 一个普通基类不能派生类模板

B. 类模板从普通类派生,也可以从类模板派生

C. 根据建立对象时的实际数据类型,编译器把类模板实例化为模板类

D. 函数的类模板参数须通过构造函数实例化

做一做 8

类模板能够声明什么形式的友元? 当类模板的友元是函数模板时,它们可以定义不同形式的类属参数吗? 请写个验证程序试一试。

参 考 文 献

[1] C++教程. 郑莉. 北京：人民邮电出版社,2010.
[2] C++程序设计. 刘宇君. 北京:清华大学出版社,2008.
[3] C++ Primer. 4 版. Stanley,et al. 李师贤,译. 北京：人民邮电出版社,2006.
[4] C++程序设计教程. 钱能. 北京:清华大学出版社,2000.